JN156295

図解 思わずだれかに話したくなる

身近にあふれる「微生物」が3時間でわかる本

編著 左巻健男

読者のみなさんへ

本書は、次のような人たちに向けて書きました。

・身のまわりにあふれる微生物について知りたい！
・図鑑的な解説ではなく、私たちとその微生物の関係の中で役立つ知識、おもしろ知識を知りたい！

細菌や菌類（カビやキノコ）、ウイルスなどのとても小さなミクロの生命たち。肉眼で見えるものもありますが、多くは顕微鏡やさらに高倍率な電子顕微鏡でしか姿を見ることはできません。

微生物と聞くと「ばい菌、カビ、ウイルス」を思い浮かべ、食中毒や感染症を引き起こすことから「怖い！」「不気味！」と思う人がいるかもしれません。たしかに食中毒や感染症は人間と微生物の不幸な関係ですが、人間と微生物の関係はそれがすべてではありません。

自然界では有機物を分解して地球環境を美しく保ってくれています。微生物なくして自然の生態系は成り立ちません。

微生物が活躍しておいしい食べ物や飲み物がつくられたり、病気を引き起こす細菌をやっつける抗生物質がつくられたりしています。

人類は未だ微生物の世界の全貌をとらえてはいません。よく微生物を調べるために綿棒をこすりつけて採取したものをシャーレの中の寒天培地（かんてんばいち）で培養して、出現したコロニーから「ここにこんな微生物がいる！」という映像を見ることがあります。しかし、その方法で見られるのは採取したほんの一部です。土の中の微生物でさえ採取した100個のうち1つが生えるかどうかといいます。

現在、微生物のDNAを抽出してそれを大幅に増やして次世代シーケンサーという機器で解析する方法があらわれて、たとえば、私たちの体にすみついている微生物の種類や数がけた違いに多かったことがわかってきました。私たちの体をつくる細胞約37兆個よりも、私たちの体にいる微生物の数のほうがはるかに多いと考えられています。

本書は微生物について「あれもこれも」ではなく「これだけは」という内容に絞って展開しました。本書がみなさんと微生物の出会いのきっかけになったら嬉しいです。

最後になりますが、微生物素人の目線から本書の編集作業に力を入れてくれた明日香出版社編集の田中裕也さんに御礼を申し上げます。

2019年1月
執筆者代表　左巻健男

図解 身近にあふれる「微生物」が3時間でわかる本　目次

第1章 「微生物」ってどんな生物なの？

第２章　人間と一緒にくらす「常在菌」

第３章　「おいしい食品」をつくる微生物

第４章 「分解者」としての微生物

第５章 「食中毒」を起こす微生物

第６章 「病気」を起こす微生物

本書に登場する主な微生物 (すべてではありません)

＼ どこに登場するか、探してみてね ／

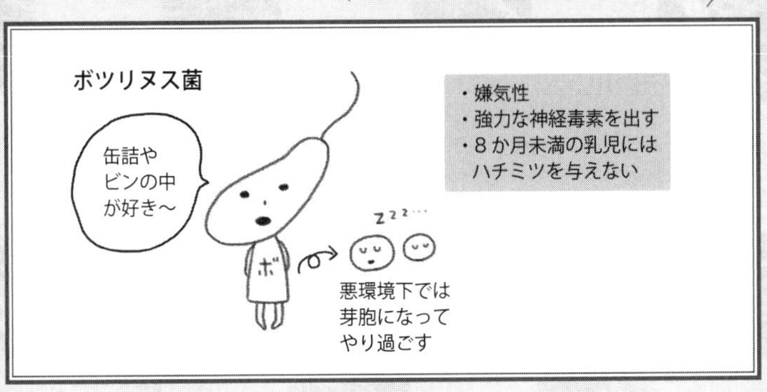

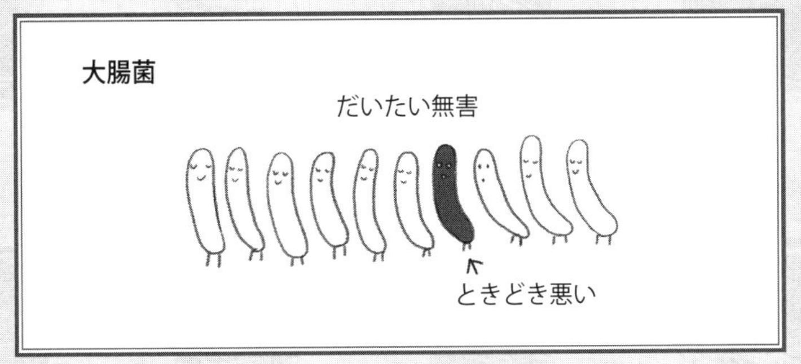

ビフィズス菌　乳酸菌　ミュータンス菌

糖を原料にして
プラークをつくる

黄色ブドウ球菌

- 熱に強い
- 胃酸でも分解されない
- 抗生物質に耐性のある菌も

腸炎ビブリオ

- 熱に弱い
- 真水に弱い
- 増殖速度が早い！

サルモネラ菌

- 卵以外にニワトリ、ウシ、ブタ、犬や猫などのペットが媒介する
- 熱に弱い
- 乾燥に強い

カンピロバクター

- 熱に弱い
- 5 月～7 月が流行シーズン
- 増殖速度は遅い

病原性大腸菌 O157

- 潜伏期間が長い
- 少数でも感染してしまう
- 熱に弱い

ノロウイルス

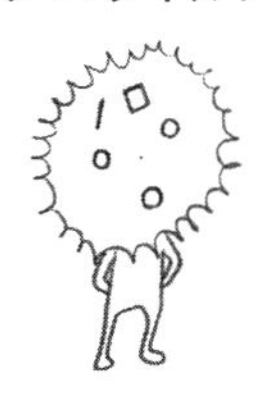

- 10 個～100 個でも感染
- 熱に弱い
- アルコール消毒は効かない

ロタウイルス

- 10 個～100 個でも感染
- ワクチンがある
- アルコール消毒が有効

A型・E型肝炎ウイルス

・熱に弱い
・不衛生な水に注意！

クリプトスポリジウム

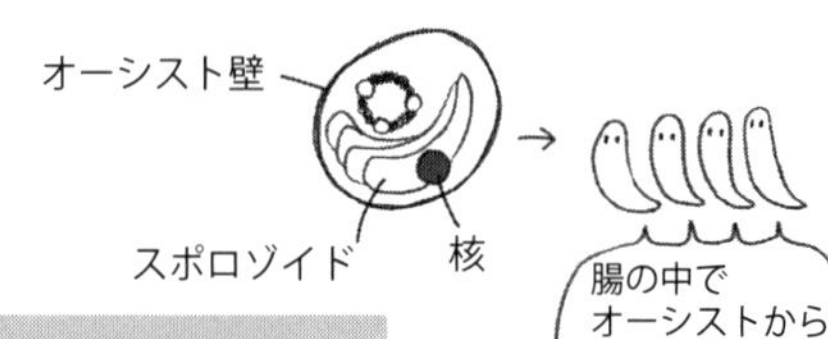

・宿主の胃や腸に寄生する
・塩素などの消毒は効かない

インフルエンザウイルス

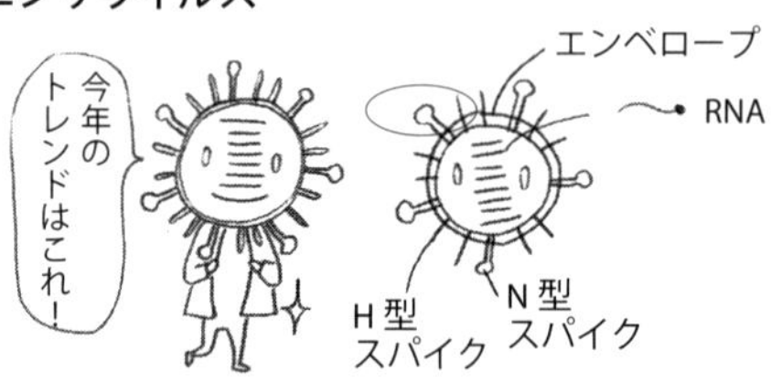

・湿度が高いところは苦手
・新しい種類がどんどんできる

結核菌

- 今でも多くの感染者、死亡者を出している
- 増殖速度が遅い

肺炎球菌

- 球が２個くっついた形
- 子どもが感染すると重症化しやすい

風しんウイルス

- 感染しても症状は軽いことが多い
- 妊娠中に感染すると胎児が障害をもって生まれることがある

ペスト菌

- 菌を保有するノミが媒介する
- 早急に治療しないと死んでしまう

マラリア原虫

・菌を保有する蚊が媒介する
・抵抗性を持っている人がいる

レジオネラ菌

・どこにでもいるが数は少ない
・アメーバに寄生して増える
・温泉施設やプールなどは注意

水痘帯状疱疹ウイルス

・感染しても軽症で済むことが多い
・治癒後の神経細胞に潜み、再び活性化することがある

B 型肝炎ウイルス

・感染すると肝がんなどの原因になる
・母子感染を防止することで新たなキャリアを減らしている

ヒト免疫不全ウイルス

・世界三大感染症といわれる
・治療法の進歩で死亡率は下がってきている

ピロリ菌

・胃液の中でも生きられる
・世界の半分の人の胃の中にいる

エキノコックス

・近年、北海道以外でも発見される
・寄生されたキツネや糞にさわったり、汚染された山菜を食べることで感染する

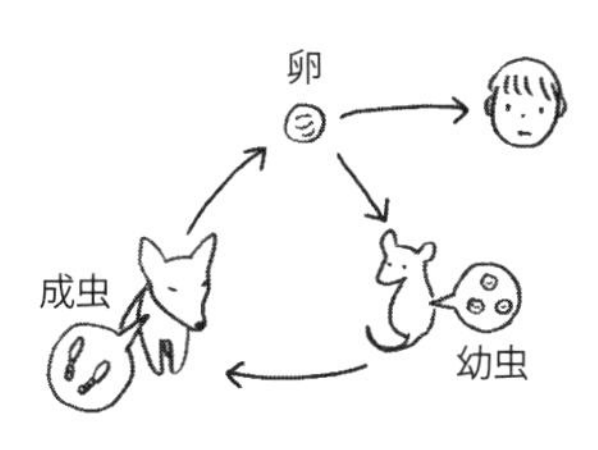

狂犬病ウイルス

・主に哺乳動物の唾液中にいる
・致死率はほぼ 100%

第１章
「微生物」って
どんな生物なの？

01 微生物にはどんなものがいるの？

肉眼では見ることができない小さな生物を微生物といいます。微生物とは、主に細菌、菌類、ウイルスですが、それぞれどんな特徴があり、どんな役割を担っているのでしょうか。

◎ ウイルスはとんでもなく小さい

微生物とは、**「目に見えないほど小さい生物」**のことをまとめたいい方です。微生物には、細菌、菌類（カビ、酵母、キノコ）、ウイルスなどが含まれます。

普通の顕微鏡（光学顕微鏡）の拡大倍率は1000倍が限界で、これ以上大きくしても画像がぼやけてしまいます。この顕微鏡を使って倍率1000倍で細菌を観察しても、せいぜい数ミリメートル程度の大きさにしか見えません。細菌の大きさは1～5マイクロメートル（μm）だからです[*1]。

風邪の原因やその他の病気の原因であるウイルスは、細菌よりもさらに小さく、電子顕微鏡を使わないと観察することができま

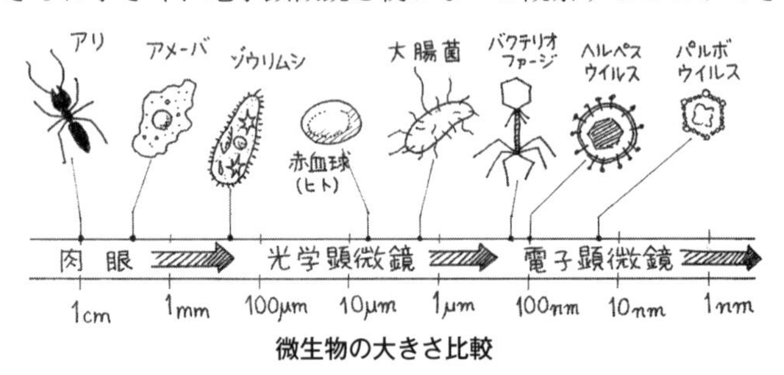

微生物の大きさ比較

*1 「1マイクロメートル（μm）」は1ミリメートル（mm）の1000分の1です。「1ナノメートル（nm）」は同100万分の1です。たとえばブドウ球菌やレンサ球菌などは、直径が1マイクロメートルです。

せん。ウイルスの大きさは、細菌のさらに10分の1から100分の1の大きさで、20～1000ナノメートル（nm）です。

◎ 中学理科でどこまで学んでいる？

中学理科で微生物が登場するのは、「自然」の中の「生物・生態系」です。教科書には次のような内容が載っています。

> 微生物は、生物の死がいなどの有機物（生物のからだをつくる炭水化物やタンパク質、脂肪などのような炭素を含む物質）を、養分として取り入れて分解する生物である。

> 生態系では、光合成によって養分をつくる植物などは生産者、草食動物や肉食動物は消費者、ミミズなどの土壌動物や菌類、細菌類などは分解者の役割を担っている。

> 菌類は、カビとキノコなどのなかまで、からだは菌糸（きんし）と呼ばれる糸状のものからできており、胞子で増えるものが多い。

> 乳酸菌や大腸菌などのなかまが細菌類で、非常に小さな単細胞の生物で、分裂によって増える。細菌類のなかには、結核菌のように感染症（病原性細菌などの病原体の感染によって起こる病気）の原因となるものがいる。

> 菌類や細菌類などの微生物の中には、人間にとって有用なはたら

きをするものも多い。たとえば、菌類や細菌が有機物を分解するはたらきを利用して、パンやヨーグルトなどの食品がつくられている。

◎ 細菌と菌類の違い

細菌の形は単純です。球形の菌（球菌）か、こん棒のような形の菌（桿菌）が大部分で、くねくね曲がっている菌（らせん菌）もいます。細菌は真ん中で２つにちぎれて、まったく同じものが２つできる「分裂」によって増えていきます。細菌は菌類より小さく、細胞の中心に明確な核がありません。

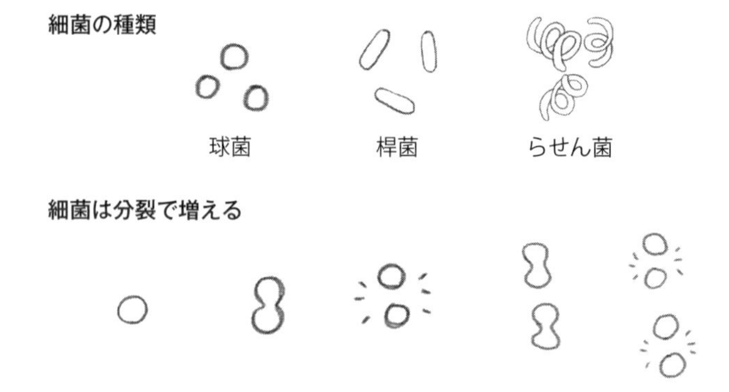

菌類は、カビを例にすると、次のような増え方をします。

① 胞子が生育条件に適した場所で発芽
② 先端が伸びて菌糸をつくる
③ 菌糸が網目状に枝分かれする

④ 枝分かれした菌糸（菌体）の先端に胞子をつくる
⑤ 胞子が飛散する

カビが胞子をたくわえる器官が子実体（しじつたい）で、菌体と子実体を合わせてカビのコロニーと呼んでいます。カビの細胞は核やミトコンドリアもあって細菌の細胞より複雑であり、動植物の細胞と基本的に同じです。

なお、カビとキノコの違いですが、胞子ができる子実体が**肉眼でよく見えるものをキノコ**といい、**肉眼ではよく見えないほど小さいものがカビ**です。

◎ とても小さくて単純なウイルスの構造

ウイルスは独立して生きることができません。タンパク質をつくる自前の工場を持っておらず、生きている細胞に感染して、その宿主（しゅくしゅ）細胞のタンパク質をつくる工場を利用して生きています。ウイルスの構造は、核酸（DNAまたはRNA）とそれを包むタンパク質だけの単純なものです。

ウイルスは、細胞という構造を持たないので生物とはいえないともいえるし、遺伝子を持っていて、子孫を残せるので生物とも考えられる、不思議な存在なのです。

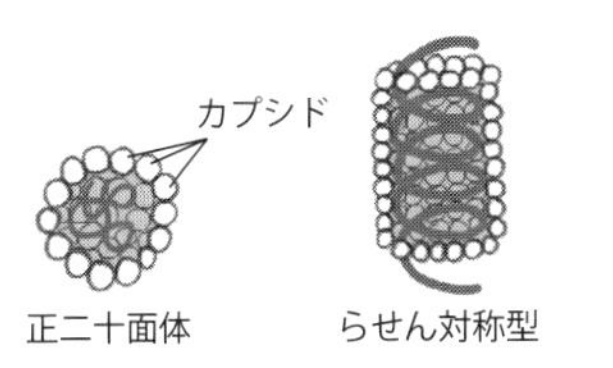

ウイルスの構造

02 カビ・酵母・キノコの違いって何？

カビ・酵母・キノコのうち、圧倒的に多いのがカビです。これらは微生物の中では大きいほうです。カビの胞子が発芽すると数日でみるみる放射状に生育していきます。

◎ 細菌とカビ・酵母・キノコの違い

カビ・酵母・キノコの大きさは、細菌の球菌で約1マイクロメートルに対して、酵母で約5マイクロメートル（長さ5～8マイクロメートル、幅4～6マイクロメートル）です。カビ・酵母・キノコの細胞の核膜（細胞の核の表面をつくる膜）に包まれた核があり、ミトコンドリアや小胞体（しょうほうたい）[*1]がありますが、細菌の細胞には明確な核がなく、染色体が普通1つあり、ミトコンドリアや小胞体はありません。

細胞の構造を見ると、カビ・酵母・キノコの細胞は細菌よりずっと人間の細胞に近いです。

カビやキノコは、活発に活動する動物とは明らかに違うため、植物のなかまに分類された時代もありました。しかし、カビやキノコは菌類として主に植物や動物の遺体を腐らせる（分解・吸収する）ことで生きるためのエネルギーを得ているので、自分で栄養分（有機物）をつくれる植物、植物や動物（有機物）をエサとして捕まえる動物と区別されるようになりました。

*1 小胞体は、細胞質の中に網目状に広がっている膜で、核の外膜と連なっています。微細なため、光学顕微鏡では見えません。

◎ 有性生殖と無性生殖

生物の増え方（生殖方法）には、大きく有性生殖と無性生殖という２通りの方法があります。

有性生殖は、動物や植物なら受精が行われる生殖方法です。一方、親の体の一部が独立して新しい個体を生じるのが**無性生殖**です。挿し木や挿し芽、球根や芋など（これを栄養生殖といいます）でなかまを増やします。この方法は、親とまったく同じクローン[*2]をつくります。有性生殖と無性生殖のどちらが有利なのかは一概にいえません。たとえば短期間になかまを増やす必要がある場合は、無性生殖が圧倒的に有利です。繁殖に必要な相手を探さずにどんどん増えることができるからです。しかし、遺伝的にまったく同じ集団になりますから、ひとたび何かが起こると一気に個体数を減らす原因になります。

有性生殖は、子孫に多様性があり、様々な環境に適応できます。種の多様性として考えると、当然有性生殖が有利になります。

それでも無性生殖をする種が絶滅していないことから、今後もこの２通りの繁殖方法が併存していくのでしょう。

このうち、細菌が分裂で増えるのは無性生殖です。

カビ・酵母・キノコの増え方の基本は、無性生殖です。カビ・酵母・キノコには性の区別があり、生育環境によっては有性生殖を行うことができます。一般的に、環境が生育に適しているときには無性生殖を行い、適していないときには有性生殖を行います。

私たちがたいてい目にする胞子の多くは無性胞子です。有性胞子は雄株と雌株の交配によって生じます。

*2　クローンは、栄養生殖で生じた生物の子孫のことをいい、親とまったく同じDNA配列を持っています。

◎ カビ・キノコは胞子で増える

カビ・キノコは、一般に胞子で増えます。胞子が発芽すると**菌糸**と呼ばれる細い糸状の体が伸びていきます。

カビとキノコは見かけ上はまったく違う種類のように見えますが､胞子をつくる場所として肉眼でも見える子実体（キノコ）をつくるかつくらないかの違いがあるだけです。どちらも菌糸という細い糸で体ができている同じなかまなのです。キノコも子実体をつくるとき以外はカビのような網目状の菌糸の体をしています。

また、キノコの中には非常に小さいものもあり、どこまでをカビと呼んでいいのか迷うことがあります。その境目は曖昧です。

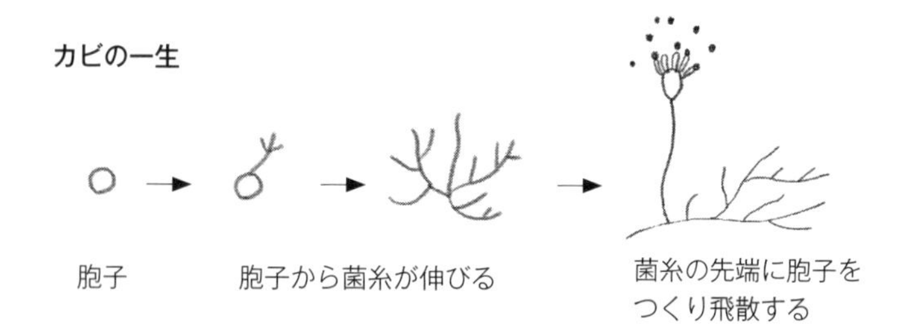

◎ 酵母は出芽（しゅつが）や分裂で増える

一方で、**酵母**の細胞は糸のようにつながっていません。酵母は**出芽か分裂で増えます**。酵母が増えると、ばらばらの細胞が集まって、球形の粘性のあるかたまりになります。しかし、酵母の中には、カンジタのように生育条件が変わるとカビのように糸状に生えるものもあります。それでも酵母は発酵などの実用面で重要なものが多いのでカビとは区別されています[*3]。

*3　たとえば、ビール、日本酒、ワイン、味噌、醤油、パンなどの発酵食品は、酵母のはたらきにより製造されています

03 ウイルスは「生物」それとも「無生物」？

ウイルスは微小な存在ながら、その強い感染力により、いつも世界のどこかで猛威をふるっています。細胞という構造を持ちませんが遺伝子は持っていて、子孫を残せる不思議な存在です。

◎ ウイルスには細胞という構造がない

インフルエンザや風邪など、ウイルスが原因になっている身近な病気はたくさんあります。

病気の原因には細菌（バクテリア）もありますが、細菌は生物です。細菌など明確に生物といえるものには細胞の構造がありますが、ウイルスにはそのような構造がみられません。

ウイルスは、タンパク質の殻とその内部の遺伝物質である核酸（DNAまたはRNA）からできています。細胞の構造を持たないこと、単独では増殖できないことから、非生物として位置づけられています。

しかし、遺伝物質を持ち、細胞に感染してその代謝系を利用すればなかまをふやすことができるので、ウイルスを微生物扱いする研究者もいます。本書ではウイルスを微生物に含めています。

◎ ウイルスは光学顕微鏡では見えないくらい小さい

ウイルスの大きさは20～1000ナノメートルです。それに対して、細菌の大きさは1～5マイクロメートル（マイクロメートルは1000分の1mm）ですから、細菌よりずっと小さいことがわかります。ほとんどのウイルスは300ナノメートル以下と非常に小さく、高倍率の電子顕微鏡でないと見ることはできません[*1]。

◎ ウイルスの形は美しい

ウイルスは、基本的に、粒子の中心にあるウイルス核酸と、それを取り囲むカプシドと呼ばれるタンパク質の殻からできています。ウイルスによっては、エンベロープと呼ばれる膜成分を持つものもあります。

多くのウイルスはカプシドやエンベロープにより規定される特異的な形をしています。

もっともありふれた多面体型カプシドのひとつは正20面体です。ちなみに、その角を面取りするとサッカーボール（切頂20面体）になります。

また、T4ファージと名前がついているウイルスはもっと見事な形をしています。20面体の胴に足のようなものが6本ついています。このウイルスは足の部分で細胞に着地したあと、足を縮めて細胞に管を差し込み、頭の中の核酸を注入します。

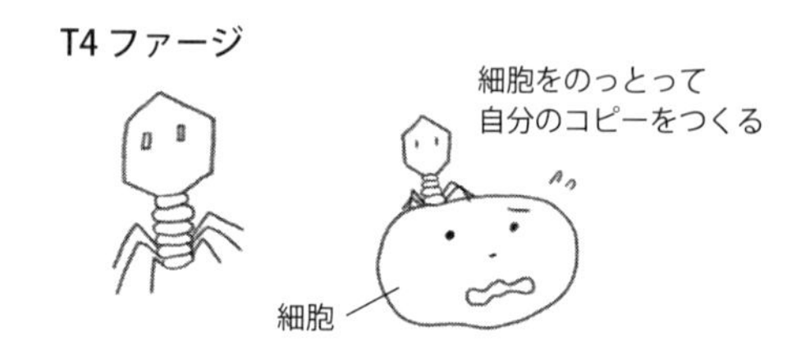

*1　千円札の顔として描かれている野口英世は、1918年に黄熱病の病原菌（細菌）を発見したと公表しました。しかしこの発見はのちに、似た症状のワイル病の病原菌であるとわかりました。黄熱病はウイルスが原因でしたが、野口は細菌説にこだわったことで病原体を見誤ってしまったのです。

◎ ウイルスの感染

ウイルスは私たちの身のまわりにウヨウヨいても、必ずしも感染が起こるわけではありません。

感染はウイルスが細胞に吸着、侵入してはじめて起こります。細胞を持たないウイルスは、単体では複製をつくれないため、増殖するためにはほかの生物の細胞に入り込む必要があります。これがウイルスの感染です。

侵入ですからどこかに入り口があります。人体の表面である皮フ、呼吸器、感覚器、生殖器、肛門や尿道が入り口になります。侵入したウイルスはすぐに増殖を始め、自分と同じウイルスがつくられて細胞から飛び出します。それぞれのウイルスによってすみ心地のよい部位があるので、そこに到達するとどんどん増殖します。

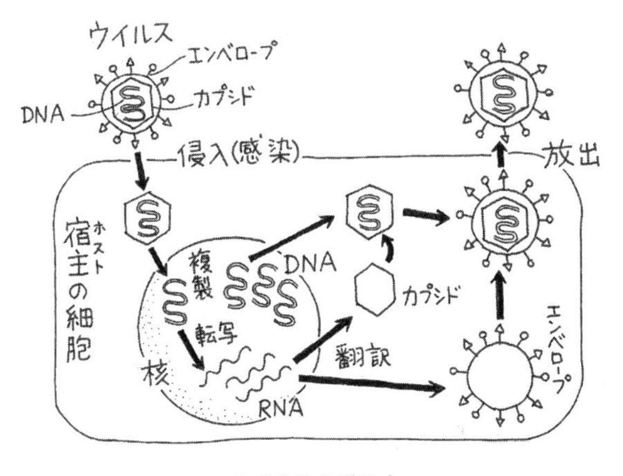

ウイルスの増え方

当然、使われた細胞は死んでしまいます[*2]。多くの細胞が死ねば、組織に大きなダメージが発生して病気になります。そして、子ウイルスを大量につくったのち、細胞外に飛び出し、新たな細胞を見つけて感染をくり返します。

◎ 細胞につくウイルス、バクテリオファージ

ウイルスの中には細菌に感染するものがいます。これらをまとめて**バクテリオファージ**（通称ファージ）と呼んでいます。名前の由来は、ギリシア語で「細菌を食べるもの」という意味です。

ファージはホスト（宿主ともいう、038ページ参照）を厳しく選択するため、目的の病原菌だけを殺すことができます。抗生物質のように多剤耐性菌をつくらないので、ファージによって病原菌をやっつける抗細菌の薬品の開発や、抗生物質ではたち打ちできない炭疽菌などの細菌兵器を無毒化するための研究が行われています。

*2　ただし、ウイルスに感染した細胞がすべて死ぬわけではありません。たとえば、感染した細胞をがん化させるウイルスの場合は、宿主の細胞は死にません。

04 微生物を発見したのは一般市民だった？

微生物の世界を観察するためには、その世界をのぞくことが必要ですが、その発見者は科学者ではありませんでした。一体、どんな職業の人が、微生物の世界に気づいたのでしょうか。

◎ 本業は織物商の一般市民

20代のレーウェンフックは、織物商を営んでいました。レンズを利用して繊維の品質管理をしていた彼は、ガラスの球を使った顕微鏡をつくりました。今のように複数のレンズを組み合わせるものではなく、たった1つのレンズの先に様々な世界をのぞいたのです。もちろん、彼の前にも同じように観察した人はたくさんいたでしょうが、彼の顕微鏡のレンズの精度や倍率はたいへん優れており、その倍率は250倍にも達しました。

◎ 水中を観察して

身近なものを精力的に観察した彼は、湖の水を観察し、その中に動くものを発見しました。おそらく何かのプランクトンだったはずです。まだ17世紀のことですから、これは大きな発見です。

化学の分野ではいろいろな薬品から金や銀をつくり出そうという錬金術が盛んに行われていたような時代のことです。

レーウェンフックは、血液を観察して血球を発見したり、精子を発見したりしています。そしてついにだ液の中に含まれる口内細菌をも発見したのです。このような多くの観察結果を記録したことから、微生物学の父と称されることもあります。

レーウェンフック

◎ 飛躍的発展はさらにあと

微生物が自分たちの身のまわりにいることはわかったのですが、学問として微生物が注目されるようになったのは19世紀後半にまでずれ込みます。

功績が大きい人の1人目は、フランスのパスツールです。当時まだ信じられていた、生物は親などがいなくても、無生物から自然に発生するという「自然発生説」を否定したのです。

有名な「白鳥首のフラスコ」の実験です。フラスコ内に有機物が入った水溶液をつくり、先の部分を白鳥の首のように長く引き伸ばし曲げます。すると微生物は発生しないのですが、その首を折ると途端に微生物が発生して腐るのです。

パスツール

もう１人はドイツのコッホです。コッホは炭疽菌、結核菌、コレラ菌の発見者です。シャーレや寒天培地（微生物を増やすためのもの）を発明し、細菌を人工的に生育・増殖させること（培養）の基礎を確立しました。

そんな彼らの活躍の土壌をつくったのが、顕微鏡観察によって微生物の存在を発見したレーウェンフックであることは間違いありません。

05 生物の祖先「真核生物」「原核生物」って何？

微生物には体が１つの細胞のみからできている単細胞生物がいます。運動したり、食物を消化したり、なかまを増やしたりする様々なはたらきをその１つの細胞で行っています。

◎ 二界説と五界説

かつては生物を「動物」と「植物」の２つに分けていました。動物は動いてエサをとる生物、動物以外は植物という分け方です。動物界、植物界の２つに分けることから、これを**二界説**といいます。20 世紀中頃まではこの考え方でした。

その後、①捕食を行う動物界、②光合成を行う植物界、③栄養分を吸収して生活するカビやキノコなどの菌界、④単細胞生物で核膜で包まれた核があるミドリムシ、アメーバ、ソウ類などの原生生物界、⑤核膜を持たない細菌やラン藻（シアノバクテリア）などの原核生物界に分ける**五界説**が主流になりました。

中学理科の教科書で以前はコンブ・ワカメなどのソウ類は、植物扱いでしたが、今は「ソウ類は植物ではありません」と書かれています[*1]。

◎ 原核生物が地球上の生物の祖先

地球上に生物が現れてから約 30 億年もの間、その生物は**単細胞生物**でした。生命が誕生した初期の細胞のつくりは、私たちの

*1　近年、五界説も見直されて生物界を３つのドメインに分けるようになっていますが、大まかには五界説と重なります。

細胞とは違っています。

遺伝物質であるDNAをしまっておく核がなく、DNAが細胞内にむき出しになった細胞（原核細胞）だったのです。この原核細胞でできた生物のことを**原核生物**といいます。

一方で私たち人間の細胞は、核が核膜という膜に包まれて存在しているので**真核細胞**といいます。

原核細胞の生物は昔の単純なつくりを持ったまま、今も生きています。たとえば、本書にたびたび出てくる乳酸菌は原核生物です。ほかにも、肺炎の原因になる肺炎球菌や肺炎桿菌、シアノバクテリア（ラン藻）なども同様です。生育限界温度が高い好熱菌、超好熱菌など厳しい環境に生きているものもいて、なかには200℃近い環境で生育できるものもいます。

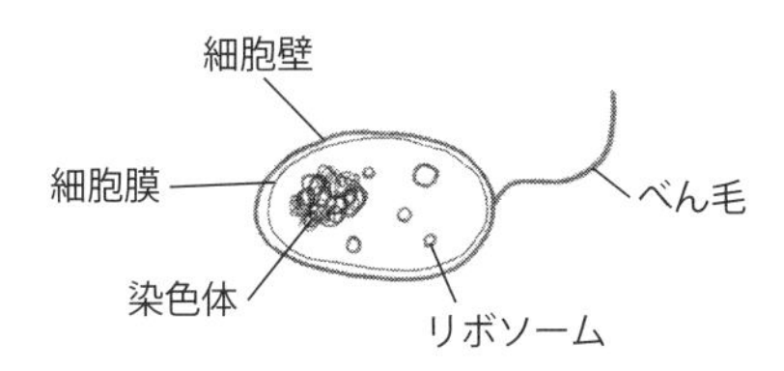

原核生物の構造

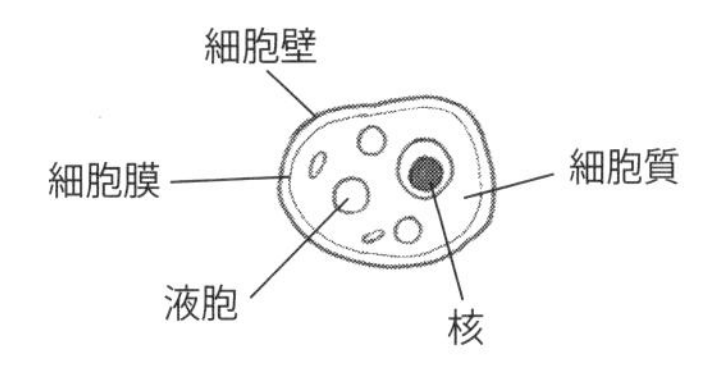

真核生物の構造

◎ 真核生物はどのように誕生したの？

今から約21億年前、原核生物の細胞内に細胞膜がはまり込むことで、核膜に包まれた核ができて、真核細胞が誕生したと考えられています。

原始の好気性細菌がとり込まれてミトコンドリアに、原始のシアノバクテリアがとり込まれて葉緑体になったと考えられます。

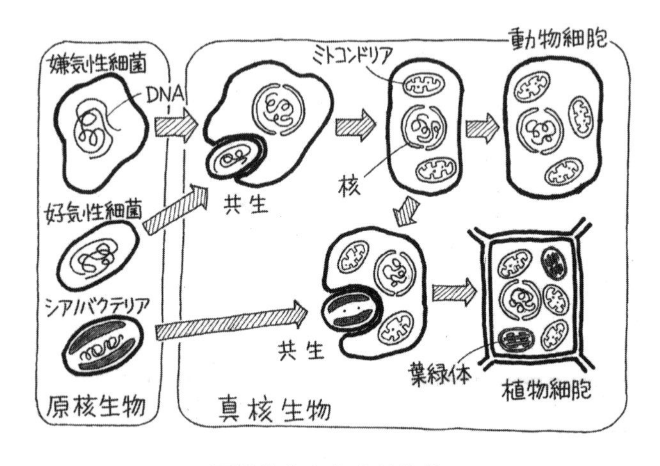

原核生物から真核生物へ

このように私たちの祖先をたどっていくと、約21億年前の真核生物へ、さらにその前の原核生物へ行きつくのです。

06 人間は微生物と共生している？

> 微生物は地球上のあらゆる場所にいるといっていいでしょう。私たちの体や、私たちがすむ家にもたくさんの種類と数の微生物がいて、私たちとともに生きています。

◎ 地球上のいろいろなところにいる細菌

細菌は、人や動物の体、土壌、水中、ちり、ほこりといった身近な場所から、上空8000メートルまでの大気圏、水深1万メートル（10キロメートル）以上の海底、南極の氷床、熱水鉱床、海底下2000メートル以上の地中といった動植物がくらすには適さないような場所にまで、広く存在しています。

細菌は、現在知られているもので**約7000種**あり、未発見の種を含めると100万種以上存在するといわれています。

細菌は、酸素がなければ増えることができない**好気性菌**（酸素呼吸を行う細菌）、酸素があると増えることができない**嫌気性菌**、酸素があってもなくても増えることができる**通性菌**の3つに大きく分けることができます。

◎ カビ・酵母・キノコも自然界に広く分布

現在知られているカビ・酵母・キノコは**9万1000種**にのぼりますが、その10～20倍もの未知の種が存在するといわれています。

これらの大部分は、土壌中や水中、枯れた植物、動物の死がいなどの自然界に広く分布しています。カビの胞子は、地球上の極地から赤道まで、あらゆるところの空気中にただよっています。

◎ 私たちのまわりにウヨウヨいるウイルス

ウイルスは生物の細胞に寄生して（たかって）生きています。ウイルスに寄生される、つまり、たかられる細胞のことを**ホスト**（宿主）と呼んでいます。これに対して、たかる側のウイルスは**ゲスト**と呼ばれます。

ウイルスは、動物、植物、細菌、菌類と細胞からできているものなら何にでもたかります。私たち人にもたかって、インフルエンザ、風邪、おたふくかぜ、プール熱、麻(ま)しん（はしか）、手足口病、りんご病、風しん、ヘルペスなどの身近な病気を引き起こします。

現在確認されているウイルスは亜種も含めて**5000万種以上**といわれています。そのうち、数百種が人に病気をもたらします。

◎ 微生物の数

では、どのくらいの数の微生物が存在しているのでしょうか。

たとえば、細菌だけでも水田土壌１グラムにはおよそ数十億個、河川水１ミリリットルにはおよそ数百万個、沿岸海水１ミリリットルにはおよそ数十万個もの微生物がいます。計算すると、耳かき一杯の泥には、1000万個、一滴の海水の中には、およそ１万個もの微生物が生きていることになります。

花王の調査によると、リビングのほこり１グラムあたりには、およそ260万個もの細菌が含まれているとのことです。

また米コロラド大学の研究者が調査した結果によると（2015年のZME science誌）、家庭のほこりの中に9000種もの細菌や菌類などが生息していることがわかりました。

調査に協力したのは1200以上の家庭で、それぞれあまり掃除をしない部分のほこりが採集され大学に送られました。家庭状況（年齢や人数などの構成、生活習慣、ペットを飼っているかどうかなど）のデータも同時に送られました。その結果、次のことがわかりました。

> 平均的なアメリカの家庭には9000種以上の細菌、菌類が存在していた。ほとんどは無害のものだった。

> 女性や男性だけが住んでいた家庭では、そのことがはっきりわかる細菌が見つかった。女性には男性よりもいくつかのタイプの細菌が多く、その逆もあった。

> 犬や猫を飼っていると種類や数が違った。研究者は、犬や猫がそれぞれ92%と83%の精度で家に住んでいるかどうかを判断することができた。

研究者によれば、「自宅の微生物について心配する必要はありません。彼らは私たちのまわりにいて、皮フの上や家のまわりにいますが、これらのほとんどは完全に無害」ということです。

07 生命はどうやって誕生したの？

地球は46億年前に誕生し、生命は約40億年前に誕生しました。水素や硫化水素を利用してエネルギーを得ていたと考えられ、以来約30億年間は単細胞生物のみが生息する星でした。

◎ 最初の生物はどこから生まれた？

19世紀後半にルイ・パスツール（フランスの生化学者・細菌学者）が、「いかなる生物といえどもその親からしか生まれないこと、自然発生は絶対にあり得ない」ことを証明しました。それまで、科学者も含めて、少なくともある種の微生物は、土や、水、スープなどから「自然発生」することもあり得ると信じられていたのです。この**自然発生説**が否定されると、「では最初の生物は、どうやって生まれたのか？」ということが大きな問題になりました。

1920年代にソ連（現ロシア）の生化学者アレクサンドル・オパーリンが、原始地球上では、海は、有機物を溶かし込んだ「原始スープ」になっているとし、有機物はこのスープの中で反応をくり返し徐々に複雑化していき、他の有機物と相互作用する組織へと「進化」し、やがて生命となった、という考えを提唱しました。生命の起源の**化学進化説**です。

しかし、タンパク質や核酸（DNAやRNA）の「部品」はできたとしても、それからどのようにして生命体になったのかはまだまだ謎のままで、今でも科学者による探究が続いています。

◎ 生物の誕生は40億年前？

グリーンランドのイスアと呼ばれる地域には、今から38億年前に形成された岩石が大規模に露出しています。ここで、生物の痕跡を示す化学的な証拠が見つかっています。

また、生物のすがたが残された約35億年前の化石が西オーストラリアで発見されています。顕微鏡でしか見えない小さな細菌とみられる微化石ですが、現在では、もっとも信頼できる最古の化石と考えられています。

こうしたことから、地球上に生物が登場したのは、それらの前の**約40億年前**と考えられています。約40億年前に登場した生物は単細胞生物で、しくみは単純なものだったでしょう。

◎ 光合成を行うシアノバクテリアが登場

その後、微生物は長い年月をかけて進化していきます。

そうしたなか、およそ27億年前に地球の環境を一変させる微生物が登場します。それは、光合成を行う**シアノバクテリア**という微生物です。

シアノバクテリアは、今の陸上の植物と同じように、光を使って二酸化炭素と水から有機物をつくり出す生物（光合成生物）で、光合成の結果、酸素を放出します。シアノバクテリアは何億年もの間、酸素の泡を放出し続けました。そしてついに、地球上の大気の成分を変えてしまったのです。こうして酸素は、大気の主成分となりました。

◎ 今から約 10 億年前に多細胞生物が登場

今から約 10 億年前のこと、複数の細胞からなる多細胞生物が登場してきます。地球上の生物は、単細胞生物、つまり微生物として海中で約 30 億年間を過ごしてきたのです。

植物が陸上へ進出したのは、今からおよそ 4 億 5 千万年前のことです。長い間、陸上は「死の世界」でした。水星や金星や月のように、岩と砂におおわれた荒涼たる世界だったのです。

これほど長い間、生物たちが陸上へ進出することができなかったのはなぜでしょうか。

その理由の 1 つは、太陽光に含まれる強烈な紫外線です。紫外線は生物の持つ遺伝子を破壊するのです。遺伝子を壊されてしまったら、生物は生きていくことができません。

水中で光合成をしたシアノバクテリアがつくりだした酸素の一部は、大気上空でオゾンに変えられました。太陽から放射される多量の紫外線を、十分吸収できるだけの厚さにオゾン層が広がるまで、陸上は生物にとって恐ろしい死の世界だったというわけです。

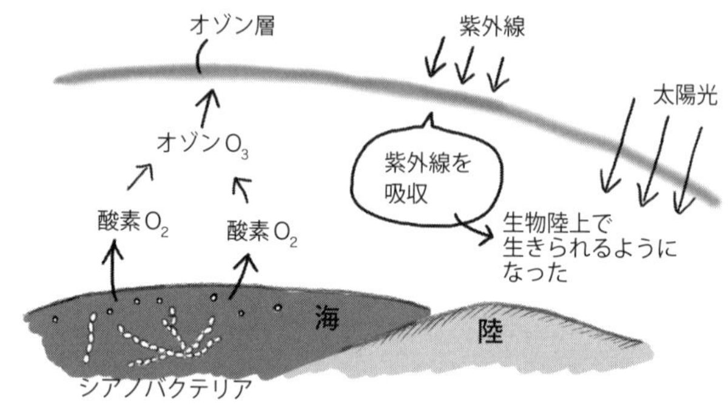

第2章
人間と一緒にくらす
「常在菌」

08 私たちの体にいる「常在菌」って何？

私たちが胎内にいるときは無菌状態でした。ところが生まれた瞬間から私たちは菌にまみれて一生を過ごします。とくに皮フや消化管内などには、様々な細菌やカビなどが定着します。

◎ 人と細菌との出会い

私たち人間が細菌とはじめて出会うのは出産のときです。お母さんの産道を通るときに、そこにいた細菌に接触して感染[*1]します。私たちは育っていく過程で次々と外界の菌を受けとっていきます。こうしてみな、たくさんの種類、数の常在菌とともに生きるようになります。

◎ 人体は細菌やカビまみれ

人体に存在する細菌やカビのことを**常在菌**といいます。菌の種類や数は体の部位によって大きく違っていますが、それぞれの部位にはほぼ決まった種類のものが分布しています。もっとも多くの種類がいるのは大腸を中心とした消化管内で60～100種類、**約100兆個**いるといわれています。口の中には**100億個**、皮フには**1兆個**います。どんな菌がどのくらいの数いるかは人によって違います。また同じ人でも年齢によって、またその時々によって変わってきます。

常在菌がいるのは体の内部そのものではありません。皮フは体

*1 母親の常在菌の一部が、赤ちゃんの口や鼻、肛門につきます。産道から顔を出すと、すぐ横には母親のお尻があり、母親のうんちがあるので、そのとき腸内細菌を口から吸ったりもします。分娩室の空気中にも、医師、助産師、看護師、立会人などがしたおならと一緒に彼らの腸内細菌も舞っていて、それらも吸い込みます。

と外界との接点で、体の外側です。口から肛門まで、大人の人で約９メートルの消化管内も、鉄パイプをイメージして鉄のところは体の内部でも空いているパイプ内は体の外側です。消化管の表面は体と外界の接点です。口から食べた物は、そのパイプの中を通っていくと最後はうんち（大便）となって肛門から出ていきます。

◎ 常在菌は何をしているの？

常在菌は通常はホストに害を与えず、ホストと共生（異種の生物が相手の足りない点を補い合いながら生活する関係）の状態にあります。

常在菌はホストの摂取する食物やホストが排せつする分泌物などを栄養分として発育します。なかには、ホストに必要なビタミン類をつくって提供するものもいます。

また外から体内に入ってくる菌、とくに病原細菌に対して、これらの感染を防ぐ役割をも果たしています。

さらに常在細菌はホストの感染抵抗性や免疫の機能を増強するはたらきもあるといわれています。

このように、基本的には常在菌は私たちの味方になってくれる存在なのです。

しかし、がんの末期などでホストの抵抗力が弱くなると、常在菌による感染症が起こってくることがあります。また、常在菌がいつもいる部位から他の部位に混入してくると感染症が起こることもあります。

09 1歳未満の乳児はなぜハチミツを食べてはいけない？

「生まれたばかりの赤ちゃんにはハチミツをあげてはいけない」と聞くことがあるでしょう。これは私たちの体にいる常在菌がプラスにはたらいている例なのです。

◎ 市販のハチミツにある注意書き

市販のハチミツには、「生後1歳未満の乳児には与えないでください」という注意書きがあります。そのきっかけは1976年にアメリカで起こった**乳児ボツリヌス症**という食中毒です。

正常に生まれた健康な赤ちゃんが、何となく元気がなくなり、泣き声も弱まって乳を飲む力も低下し、便秘が続きました。さらに筋力が低下したりする症状もあらわれました。調べたところ、うんちからボツリヌス菌やその毒素が見つかりました。乳児ボツリヌス症の原因はハチミツだったのです。

1986年、千葉県で生後83日目の男児が同じ症状を示しました。この子は生後58日目からハチミツが与えられており、検査の結果、うんちなどからボツリヌス菌とその毒素が見つかりました。わが国で最初に確認された乳児ボツリヌス症です[*1]。

◎ ハチミツに含まれていた芽胞

ボツリヌス菌は**土壌細菌**で、芽胞（がほう）の状態で自然界に広く分布しています。ハチが蜜を集めるときにボツリヌス菌の芽胞もとり込

*1　これを受けて1987年10月、1歳未満の乳児にはハチミツを与えないようにと当時の厚生省が通知を出して以降、ハチミツを原因とする乳児ボツリヌス症は減少しました。

み、それがハチミツに含まれてしまうのです。

芽胞は、細菌のまわりの環境が悪化したときに、きわめて耐久性の高い（とても丈夫な）細胞構造になって休眠状態になったものです。ハチミツは果糖とブドウ糖の糖度が高い（水分は20％程度でその他はほとんどが糖）ので、細菌は増殖できません。芽胞も発芽できませんが、休眠状態でいることができるのです[*2]。

◎ 常在菌が未発達の乳児

生後8か月を超えれば、ハチミツにボツリヌス菌の芽胞が入っていても中毒は起こりません。ほかの農産物からも知らぬ間に芽胞を摂取していると思われますが、中毒は起きていません。

ボツリヌス菌の芽胞を含んだハチミツを摂取すると、口の中、食道の中、胃の中などで芽胞の休眠状態が解け、増殖しようとします。しかし、胃の中には胃酸（うすい塩酸）があるため、そこで殺菌されてしまいます。小腸から大腸に行けたものがあったとしても、とくに大腸内の腸内細菌によってやられてしまうのです。

ところが、**乳児の場合は胃酸の殺菌が弱く、腸内細菌の発達も弱いので、ボツリヌス菌は大腸で増殖して毒素を産み出します**。最初は便秘の症状がみられ、食中毒の症状が続きます。

ただし生後8か月を過ぎれば、腸内は成人と同じような細菌分布になります。それらの腸内細菌がボツリヌス菌芽胞の発芽や増殖をおさえるのです。このため乳児以外ではハチミツでボツリヌス菌による食中毒は心配しなくてよいというわけです。

*2　この菌に汚染された食品が加熱不十分のため芽胞が残り、真空パックや缶詰など嫌気状態で発芽・増殖して食品中に多量の毒素を排出して中毒が起こることがあります。

10 ニキビはなぜできるの？

ニキビは思春期に皮脂の分泌が盛んになることで発症し、毛穴にすむアクネ菌が増殖して炎症を起こすと悪化します。ニキビのあとが残ったりしないように、早めの治療が大切です。

◎ ニキビの原因はアクネ菌の増殖と炎症

90％以上の日本人が10代に経験するのがニキビ（ニキビは「アクネ」ともいう）です。ニキビの原因は、**アクネ菌**という毛穴にすむ常在菌です。

ニキビは、思春期に男性ホルモンの作用で皮脂の分泌が盛んになることと、角化（かくか）（皮フの細胞が分化して、表皮の角質層をつくること）の異常で毛穴がふさがることによって、面皰（めんぽう）という発しんができることで発症します。白くふくらんでいるのが「白ニキビ」、毛穴が開いて先端が黒いのが「黒ニキビ」です。

毛穴の中でアクネ菌が増殖して炎症を起こすと「赤ニキビ」になって、膿（うみ）を持つ場合もあり、炎症がさらに悪化すると嚢腫（のうしゅ）（中に固体がつまった袋状のもの）や結節（けっせつ）（しこり）ができます。炎症が治ったあとは、紅斑（こうはん）や色素沈着をへて治癒する場合と、瘢痕（はんこん）（傷あと）やケロイド（傷あとの盛り上がり）が残る場合があります。

微小面皰	非炎症性面皰	炎症性面皰	炎症性面皰	嚢腫/結節
顕微鏡でしか見ることができない	（面皰）白ニキビ、黒ニキビ	（紅色丘疹）赤ニキビ	（膿疱）膿をもったニキビ	瘢痕

ニキビの発症と進行

◎ ニキビは早めの治療が大事

ニキビは13歳前後に発症し、高校生の頃に症状がもっとも強くなって、20歳前後には治まっていきます。いったん悪化すると、あとが残ったり治療が困難になるので、皮フ科での早めの治療が必要です。

1993年に外用抗菌薬が登場するまでは、症状の軽いニキビには有効性の高い薬がなかったため、炎症が悪化してから医療機関を受診することが当然とされてきました。しかし2008年に治療薬のアダパレンが承認されると状況は一変し、炎症を起こしていないニキビや、ニキビの前の状態（微小面皰）でも治療が可能になりました。軽い症状のうちから積極的に治療することが推奨されるようになったのです。

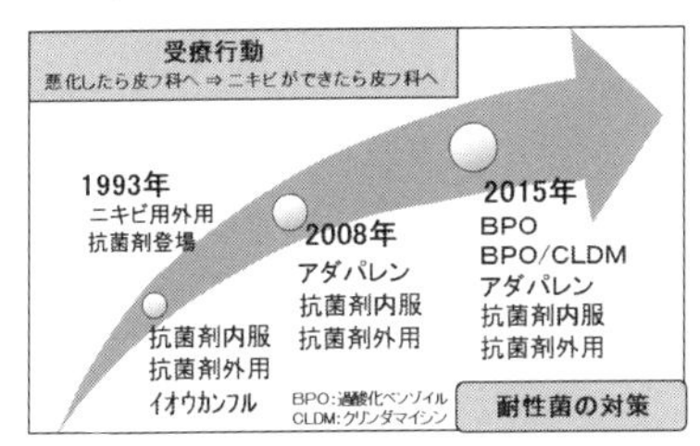

アダパレンは皮フ表面の細胞（表皮細胞）に結合して、毛穴の角化異常を治します。また過酸化ベンゾイル（BPO）は強力な酸化剤で、フリーラジカルを生じてアクネ菌をやっつけます。[*1]

日本のニキビ治療の変遷

出典：林伸和「ニキビの発症メカニズム、治療、予防」香粧会誌 , Vol40, No.1, pp12-19(2016) を一部改変

以前は、炎症を起こしたニキビの治療で、アクネ菌が薬剤耐性を持つことがしばしばありましたが、アダパレンは耐性菌をつくりません。また2015年になると、耐性菌を生じない過酸化ベンゾイル（BPO）とクリンダマイシン（抗菌剤）の配合剤が発売され、薬剤治療がさらに充実して今に至っています。

*1　フリーラジカルは遊離基ともいい、不対電子（原子や分子のもっとも外側の電子軌道で、2個ずつの対になっていない電子）を持った原子や分子、イオンなどのことです。

11 体臭はどうやって発生するの？

「汗臭い」「足が臭い」「加齢臭がする」といった体臭には微生物が関係しています。どうしてニオイを発するようになるのか、そのメカニズムを見てみましょう。

◎ もともと汗は臭くない？

かつては汗臭いのが男の魅力という時代があったのに、今や体臭はまったく人気がなくなりました。ところで、「汗臭い」という言葉からすると､汗そのものがにおいのもとに思えてきますが、実はそうではありません。

私たちの体には、唇と生殖器官の一部を除いて、**汗腺**（かんせん）という汗を出す小さな器官がたくさん分布しています。

スポーツをしたときやサウナに入ったときにかく汗は、汗腺の中の**エクリン腺**から出るもので、99％が水です。水のほかには塩分やタンパク質、乳酸が含まれていますが、いずれもごくわずかで、**もともと汗は臭くない**のです。この汗によって、私たちは体温調整をしています。

汗をかいて時間がたつと、わずかに含まれたタンパク質や乳酸が皮フ常在菌によって分解され、甘酸っぱいにおいになります。衣服についた汗は、皮フ常在菌だけでなく、さらにいろいろな菌も増殖し、やがて臭くなっていくのです。

◎「わきが」は世界の常識？

汗腺には、エクリン腺のほかにもう１つの種類があります。それが、**アポクリン腺**です。アポクリン腺は、子どもの頃にはあまりなくて、思春期に、わきの下や股間、胸や外耳道（がいじどう）（耳の穴の入り口から鼓膜までの管）などでよく発達します。人間以外の哺乳類にはたくさんあるのに、人間には、大切なところだけに残っているのです。

	エクリン腺	アポクリン腺
部位	ほぼ全身の表皮	わきの下、乳首、外耳道、股間
におい	なし	ほとんどなし
色	無色	乳白色

アポクリン腺から出る汗は少量で、脂肪やタンパク質を含んだ乳白色の少しねとねとした液体です。出たばかりの汗はあまりにおいません。

しかし、この汗はエクリン腺には含まれていない脂肪分を含んでいるうえ、濃い汗なので、その出口あたりにすんでいる細菌にどんどん分解されて独特の「臭い汗」になるのです。

このようにわきの下のアポクリン腺から汗がたくさん出て、強いにおいになることを**腋臭症**（えきしゅう）といい、これを俗に**わきが**といいます。もともと異性を惹きつけたり縄張りの主張に役立っていたようで、世界では腋臭症である人のほうが圧倒的多数派です。**例外**

的に日本人、中国人、朝鮮人などの東アジア人は腋臭症が5～20%と少数派のため、健康問題になってしまっていますが、世界的に見れば何もおかしな症状ではないのです。

◎ 足はなぜ臭くなるの？

足には汗腺が密集していて、たくさんの汗をかきます。**1日に200ミリリットルもの汗をかく**というからすごいですね。しかし、足にある汗腺はエクリン腺なので、その汗は本来臭くありません。

しかし、足は靴や靴下に包まれていて、とくに足指の間の温かく湿り気がある環境は、細菌たちの理想のすみかです。

また、足は全身の体重を支えるという役割があるため、足の裏の角質層が体の中でもっとも厚くなっています。その角質はやがて死んだ細胞になり、アカとなってはがれ落ちます。角質層が分厚い足の裏は、アカの量もそれだけ多いのです。

足にいる皮フ常在菌は、汗の成分だけではなく、死んだ皮フ細胞、つまりアカをせっせと食べて増殖します。そのときの分解生成物が臭いにおいを発するのです。

ところで、足が臭くならないようにと、足をごしごし洗うのがよいと思っている人がいるかもしれませんね。でも、これは間違いです。皮フ表面の死んだ皮フ細胞、つまりアカを軽く流してやればいいのです。ごしごし洗えば、まだはがれ落ちるまでにはなっていない表皮までを傷つけてしまいます。

足が臭くなるのは、細菌たちがすみやすい靴や靴下になっているからです。そこで、これらをいつも清潔に保つよう心がけることが大切です。靴はよく乾かし（靴に新聞をまるめて入れて湿気をとる等）、同じ靴をずっと履いていないで、時には風通しのよい場所で休ませます。においがひどい場合は、消臭スプレー、ムレ防止インソール（中敷き）なども活用しましょう。また、靴下を毎日履きかえるようにすべきなのは言うまでもありませんね。

◎ 加齢臭はなぜ起きる？

加齢臭とは、中高年に特有の「脂臭くて、青臭いにおい」のことです。におい物質は皮脂の脂肪酸が酸化されたり、皮フ常在菌によって分解されたりしてできる**ノネナール**です。男女問わず、40歳を過ぎたころから増えてくるので、男性に比べ皮脂量の少ない女性でも安心はできません。とくに皮脂量が増える暑い季節は要注意です。

加齢臭が多く発生する場所は、皮脂の分泌量が多い頭部、自分では気づきにくい首の後ろや耳のまわり、胸もと、わきの下、背中などです。

対策としては、シャワーや入浴で余分な皮脂や汗を軽く洗い流し、清潔に保つことが一番です。またこまめに皮脂や汗をふきとり、気になるなら加齢臭用のデオドラント製品を使いましょう。

12 お肌を洗いすぎるのは美肌に悪い？

お肌がしっとりつやつやするのは皮フ常在菌のおかげです。皮フの表面を弱酸性に保つことで、アルカリ性を好む病原菌がそこで増殖したり、侵入したりすることを防いでいるのです。

◎ 顔を洗いすぎてはいけない

みなさんはお肌によかれと思って、洗剤を使ってごしごし顔や体を洗っていないでしょうか。こうすることは、実はお肌にとってあまり好ましくありません。私たちの皮フ表面にはお肌をきれいに保つ常在菌がいますが、こうした菌を洗い流してしまうからです。それでも、通常は毛穴の中などに残っていた菌がすぐに増え始め、半日くらいでもとに戻ります。ところが、クレンジングや洗浄剤を使って洗顔すると、肌はアルカリ性に傾き、皮フがカサカサになる原因になります。クレンジング剤は菌だけでなく、はがれ落ちるにはまだ早い角質細胞まで洗い流してしまうので、極度に乾燥してしまうのです。これでは、**表皮ブドウ球菌**[*1]がすみにくくなります。ですから皮フ常在菌のためには、洗いすぎないことが大切です。

◎ お肌にやさしいケア方法

メイク汚れはきちんと落とさなければなりませんが、強いクレンジングは使わないように心がけます。できればメイクをしない

*1　「美肌菌」とも呼ばれ、肌に潤いを与えるグリセリン関連物質を分泌したり、肌荒れやアトピー性皮フ炎を引き起こす黄色ブドウ球菌を退治する抗菌ペプチドを産生するなど、肌を守る大切な役割を担っています。

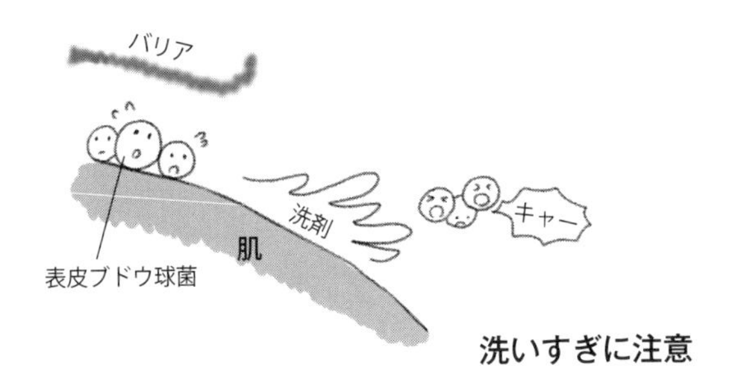

洗いすぎに注意

日を時々はつくり、その日は朝晩ともに水だけで洗顔し、肌と菌を守るようにしましょう。

またお肌を守るためには、適度な発汗が有効です。汗は表皮ブドウ球菌のエサを提供し、皮フの乾燥を防ぐのです。

汗には、免疫のはたらきのひとつとして皮フの皮下脂肪がつくっている病原菌を退治する**抗菌ペプチド**が含まれています。ですから、お肌を守るためにも汗をかくことは大切です。

◎ 皮フ常在菌は紫外線を嫌がる

紫外線は、化学変化を起こさせたり、殺菌作用があります。殺菌作用によって病原菌を殺菌してくれますが、これはお肌を守る常在菌にとってもよくありません。

紫外線は、体内のビタミンDをつくるというプラス面のほか、いろいろなマイナス面があります。免疫機能の低下や細胞内のDNA（遺伝子）を傷つけたり、皮フがんを発症させやすくしたりします。皮フがん以外にも、メラニン色素を含んだタンパク質を増やし黒色化させてサンタン（日焼け）を引き起こしたり、真皮（しんぴ）に炎症を起こして火傷（やけど）と同じ現象であるサンバーン（日光やけど）を引き起こします。また、紫外線に長時間あたることによって、しわやしみなど皮フの早期老化が起こります。私たちは紫外線のプラス・マイナス面を天びんにかけて生活する必要があります。

紫外線対策は、帽子や衣服、日傘の併用が基本です。海水浴やハイキングではUVカットクリームを使うことも必要です。

◎ 上手な体の洗い方

私たちのお肌にいる常在菌を守るためにもっともよい体の洗い方はアカをさっと洗い流すことです。

表皮の一番上の角質層は､毎日少しずつはがれ落ちていきます。この自然にはがれるアカを、流すだけで十分なのです。

ごしごし洗うことは、まだはがれ落ちる準備ができていない表皮までを傷つけてしまい逆効果となります。

石けんを使って洗う場所は、アポクリン腺のある場所と足と足指の間、腸内常在菌の出口である肛門周辺です。

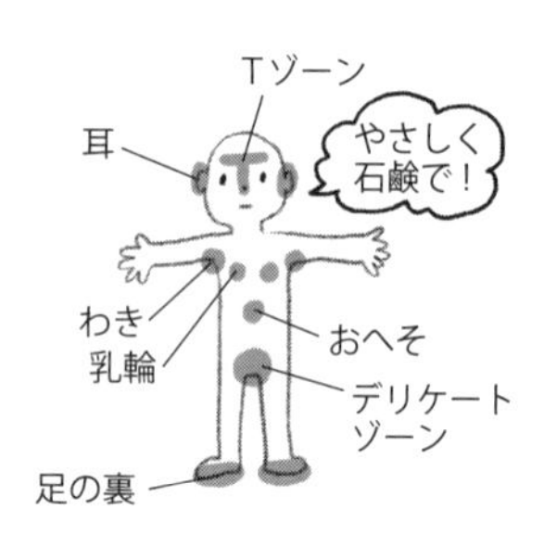

アポクリン腺からは脂肪分が含まれる汗が出ます。この脂肪分が出口の毛穴にすむ細菌によって分解されると独特のにおいを発します。

アポクリン腺があるのは、顔に数か所（おでこを含むTゾーン）、わき、乳首周辺、へそ、生殖器周辺です。

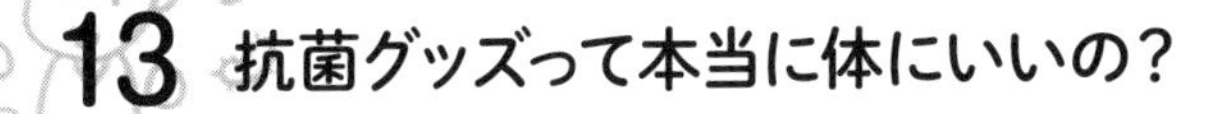

13 抗菌グッズって本当に体にいいの？

昨今、ドラッグストアなどには抗菌・除菌をうたう商品がたくさん並んでいます。しかしこれらの多用は、私たちの体にいる常在菌をも抗菌してしまうことになります。

◎ 除菌、殺菌、滅菌、抗菌の違いって何？

これらの言葉の「菌」は、細菌やカビ、ウイルスをあらわしています。言葉の違いを見てみましょう。

除菌：目的とする物の内部および表面から微生物を除去すること。ろ過除菌、沈降除菌、洗浄除菌などがある。

殺菌：目的とする物の内部および表面の微生物の一部またはすべてを殺すこと。

滅菌：目的とする物の内部および表面のすべての微生物を殺滅または除去すること。

抗菌：殺菌、滅菌、消毒、除菌、静菌、制菌、防腐および防菌などすべてのこと。

◎ 抗菌のマイナス面

エスカレーターの手すりや電車のつり革など、抗菌仕様をアピールしたものが私たちの身のまわりにあふれています。文房具や服、靴など生活用品にも抗菌の文字が使われ、いつの間にか抗菌・

除菌ブームといえるほどの状況になっています。

日常生活において、菌の繁殖によって困ることがあります。たとえば、台所の流しのヌメリは細菌の繁殖によるもので、嫌なにおいのもとにもなります。まな板も雑菌の温床になりやすいものです。汗をかいたあとのにおいの多くは、細菌によって汗が分解されて生じます。こんなときに、殺菌剤を用いたり、衣類の布に抗菌剤を練り込んだり噴射したりして細菌の繁殖を防ぎます。

では、抗菌にマイナス面はないのでしょうか。

私たちの体には腸内細菌を始め、皮フ、気道等のいろいろな臓器に多種多様な細菌や菌類がすみついています。こうした常在菌が、抗菌グッズの作用によって殺菌されてしまうことが考えられます。

薬用石けんや除菌アルコールの使いすぎは、肌の細菌のバランスを崩し、肌にトラブルをもたらす菌を繁殖させることにつながる危険があるといわれています。

皮フ常在菌は互いに密接な関係を持ち、複雑なバランスをとっています。バランスを保っているところには、新たな菌が侵入してきても定着できません。これを**拮抗**（きっこう）**現象**といいます。

抗菌グッズを使いすぎると、そのバランスが崩れ、かえって病原菌の侵入を許してしまう危険性があります。さらに、中途半端な殺菌は、病原菌がその抗菌に対して耐性を持ってしまうことがあります。そうなると抗生物質などが効きにくくなってしまいます。

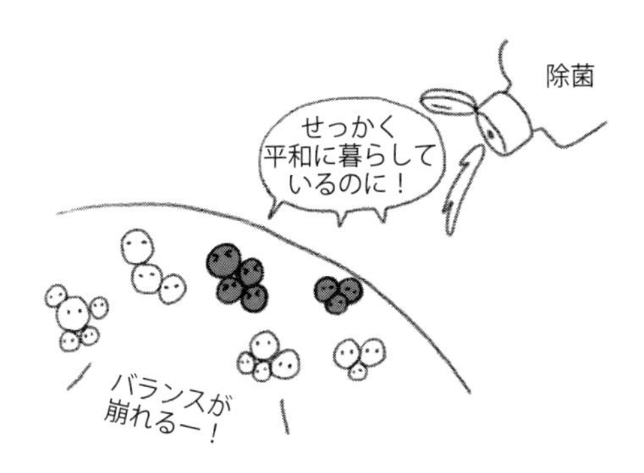

◎ 効果なしの除菌グッズに注意

日常使用しても環境に害がなく、抗菌性を持つものとしては銀と銅があります。しかし、その効果をうたう商品の中には、根拠が不明確なものも少なくありません。

トイレが臭くなるのは、トイレの壁についたおしっこの成分の尿素が細菌によって分解されてアンモニアができるためです。そこで、トイレ用の消臭剤として銀イオンを使ったものが販売されています。

ところがこれまで「銀イオンで除菌」などのキャッチフレーズの記載がある製品に公正取引委員会から、「表示しているような効果がみられないため、景品表示法に違反」として排除命令が出されました[*1]。

たしかに銀や銀イオンは抗菌性を持っていますが、排除命令を受けたのは、銀の含有量がごく微量だったためでしょう。

*1　2007年にアース製薬のトイレ用芳香洗浄剤、2008年に小林製薬が販売するトイレの芳香消臭剤「銀のブルーレットおくだけ」と「銀の消臭元トイレ用」に対してです。

また2014年に話題になったのは「首からぶら下げるだけ」「部屋に置くだけ」で空気中に放出される二酸化塩素の効果で生活空間の除菌・消臭ができるとうたう空間除菌グッズです。

しかし、首からぶら下げた人の回りや、そのグッズを置いた生活空間を除菌する効果があるかは疑問でした。そこで、消費者庁は、17社に対して表示を裏づける合理的根拠の提出を求めましたが、各社から提出されたのは密閉空間などでの試験結果でした。換気をしたり、人が出入りしたりする部屋でも効果があるとは認められなかったのです。

二酸化塩素が生活空間でも十分な殺菌効果が得られるには数百ppm以上の濃度で使わなければなりませんが、そうなると強い酸化力があるものを吸入することになり、人体にも有害です。

このように、「抗菌」や「殺菌」をうたう商品の中には、その効果が疑問なものも少なくないのです。

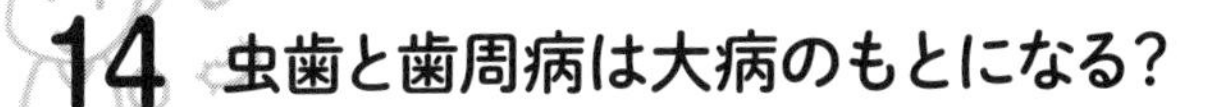

14 虫歯と歯周病は大病のもとになる？

虫歯や歯周病など、お口まわりのトラブルはどのように起こるのでしょうか。また、最近歯周病が重大な病気と関連しているという研究も発表されました。その病気とは何でしょうか。

◎ 虫歯のしくみ

口の中には様々な常在菌（細菌）がすんでいます。なかでも虫歯を引き起こすのが**ストレプトコッカス・ミュータンス**という菌です。歯みがきをしないと、これらの細菌とその産生物、食べ物の残りカスなどが結びついて、歯の表面に歯垢（プラーク）をつくります。歯垢は様々な細菌類が共同してつくりあげたバイオフィルムという強固な構造物で、歯みがきなどの物理的な手段でなければ取り除けません。

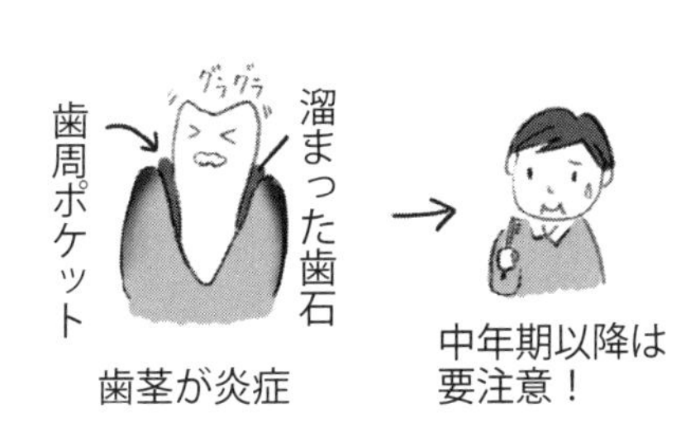

歯垢は臼歯の上下の溝や、歯と歯茎の間などのすき間につきやすく、内部では砂糖を材料に乳酸などの酸をつくる細菌が増え、

歯の石灰質を溶かしてしまいます（この現象を脱灰（だっかい）といいます）。だ液はアルカリ性なので脱灰した歯の表面をもとに戻す（再石灰化）はたらきがありますが、砂糖をとる頻度が多かったり、歯をみがかなかったりすると虫歯が進行してしまうことがあります[*1]。

とくに歯が生えて数年は虫歯になりやすいので、子どものうちに正しく歯をみがく習慣をつける、甘いものをひんぱんにとらない、といった習慣づけが大切です。

また、**虫歯は感染症の一種**でもあるので、大人の持っている細菌を感染させないよう、口移しで食べ物を与えたり、食器や箸を共用することなどはやめておいたほうがよいでしょう。

子どもの虫歯は歯の表面に生じやすいですが、大人や老人では歯のつけ根、義歯や治療痕のまわりが虫歯になることがあります。きちんと歯みがきをするとともに、次に述べる歯周病のチェックを兼ねて定期的に歯科健診を受けるとよいでしょう。

◎ 歯周病のしくみ

歯のつけ根には歯周ポケットというくぼみがありますが、歯周病（歯周炎）は歯垢が歯周ポケットに付着して生じます。歯垢は石灰化して歯石となり、歯周ポケットが炎症を起こして大きくなるとともに歯茎（ぐき）がはれ、さらには化膿し（歯槽膿漏（しそうのうろう））最終的には歯がぐらついて抜けてしまうこともあります。歯ブラシでていねいに歯垢を取り除くのはもちろんですが、とくに歯のすき間が生じてくる中年期以降は、歯の間を歯間ブラシや糸ようじで掃除すること、定期的に歯科医で歯石のチェックと除去を行ってもらう

*1　そのほかにもだ液の量や体質などの様々な原因によって虫歯（う蝕（しょく））となります。

ことなども重要です。

◎ 脳梗塞や心筋梗塞を引き起こすことも

虫歯を放置すると歯の痛みやひどい口臭を引き起こすほか、歯の中心部の歯髄が化膿し、さらに顎の骨が侵されることや、全身で細菌が炎症を起こす敗血症になることまであります。

また最近では、虫歯や歯周病により歯原性菌血症と呼ばれる病気が引き起こされることがわかっています。歯周病の原因菌などによる刺激が原因で動脈硬化を誘導する物質が生じ、血管内にプラーク（粥状の脂肪性沈着物、歯垢とは組成が異なる）ができることがわかってきて、**動脈硬化や脳梗塞、心筋梗塞などを引き起こす可能性**が指摘されています。

従来、動脈硬化は不適切な食生活や運動不足、ストレスなどの生活習慣が要因とされていますが、口の中の衛生環境も影響している可能性があるのです。

さらに歯周病は老人の誤嚥性肺炎や心内膜炎、糖尿病などのリスクを上昇させるという研究もあります。大事にケアしたいものですね。

虫歯や歯周病と関連している可能性のある病気

虫歯や歯周病

放って
おくと…
→

- 脳梗塞
- 誤嚥性肺炎
- 心筋梗塞
- 心内膜炎
- 動脈硬化
- 糖尿病
- 低体重児出産
- 早産

15 腸内フローラって何？

最近、腸内細菌が注目され「腸内フローラ」という言葉をよく聞くようになりました。腸内フローラとは何で、腸内細菌はどのくらい生育しているのかを見ていきましょう。

◎ 腸内細菌叢＝腸内フローラ

腸内には数百種類、数として100兆個程度の細菌がすんでいると考えられています。重さにして、**約1.5キログラム**にもなるといわれています。うんち内の細菌を培養して調べると、かつては「100種類程度」といわれてきましたが、細菌のDNAを取り出して識別していったら培養困難な細菌がたくさんあることがわかって数が増えたのです。

これら腸内細菌は、それぞれの菌がそれぞれのテリトリーをつくりながら群生し、腸内細菌叢（そう）を構成しています[*1]。腸内細菌叢は、同じ種類の菌が、まるでお花畑のように腸の壁面をおおって生息していることから、植物が群生している様子（フローラ）になぞらえて**腸内フローラ**とも呼ばれます。

◎ 腸内細菌の主な活動場所は大腸

腸内細菌は主に大腸を活動場所にしています。大腸は、小腸より長さが短いし、面積も小さいところです。なぜ腸内細菌は、主に小腸ではなく、大腸で活動しているのでしょうか。

*1 『叢（そう）』は、「くさむら」「群がり集まる」「多くのものの集まり」という意味です。

まず、食べ物は、口、食道、胃を通って、十二指腸などの小腸の上部にきます。そこから消化だけでなく吸収も始まります。このため、腸管の部位によって栄養分の物質や量が違ってきます。

私たちは、食べ物と一緒に空気も取り込んでいます。空気中に酸素が21％含まれていますが、細菌には酸素に対して**「好気性」**と**「嫌気性」**という分類が存在します。嫌気性菌は、酸素があると生育できない細菌です。好気性菌は、さらに3種類に分けられます。

好気性菌

→ 通性嫌気性菌（酸素の有無に関係なく生育）

→ 微好気性菌（酸素濃度が3～15％程度の環境下で生育）

→ 偏性好気性菌（酸素が必要）

口から入り込んだ空気中の酸素は、腸管上部にすむ好気性細菌によって消費されていきます。下部に進むほど腸管内の酸素濃度は低下し、大腸に至る頃にはほとんど完全に酸素はなくなり嫌気性の環境になります。

小腸にはまだ酸素があるので、**通性嫌気性菌**の乳酸桿(かん)菌が多くすみついています。盲腸から大腸になると、ほとんど無酸素状態になり、酸素があると増殖しないか死滅してしまう**偏性嫌気性菌**が爆発的に多くなるというわけです。

また、石けんや洗剤が持つような界面活性のはたらきを持つ胆汁(たんじゅう)中の胆汁酸には、細菌の細胞膜を溶かす殺菌作用があるので、細菌が生育しにくくなっています。毎日、合計で20～30グラムの胆汁酸が腸内に分泌され、そのうち90％は回腸で再吸収されて再利用されています。したがって腸内細菌は、胆汁酸が少ない回腸よりもあとの大腸を主な活動場所としているのです。

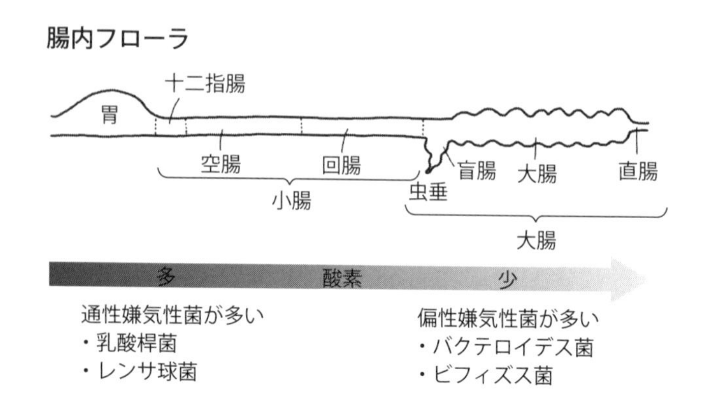

◎ 主な腸内細菌と大腸菌

胃には胃酸（濃度はpH 1～2[*1]）があるため、ほとんどの微生物が成育できません。かなりの割合でいるのは胃炎・胃潰瘍の原因になるピロリ菌くらいです（ピロリ菌については215ページ参照）。

十二指腸・空腸は胆汁などのはたらきが及ぶため、細菌の数は1グラムあたり千～1万個程度で、乳酸桿菌やレンサ球菌などが生育しています。

回腸では1グラムあたり1億個を超える菌数になります。

*1　pHは、水溶液の酸性・アルカリ性の度合いを0～14の値で示す水素イオン指数。7が中性で、小さくなるほど酸性が強く、大きくなるほどアルカリ性が強いです。記号pHは「potential of hydrogen」の略。

さらに大腸では１グラムあたり100億〜1000億個と多くなります。多いのは**バクテロイデス菌**で、それに**ビフィズス菌**などが続きます。

◎ 大腸には大腸菌が多い？

腸内で最初に発見された細菌は**大腸菌**です。大腸菌には様々な種類がありますが、そのほとんどは人に対して無害です。多くの大腸菌は腸内でビタミンを合成したり、有害な細菌の増殖をおさえたりして私たちの健康に役立っています。しかし、なかには下痢や腹痛などを起こす病原性大腸菌（大腸菌毒性株）と呼ばれるものがいます。

実は**大腸菌は腸内細菌の総数の0.1％程度**を占めるにすぎません（0.01％という文献もあります）。腸内にいる細菌の中ではきわめて少ないのに、一般には大腸菌が腸内細菌の代表的存在のように受け止められています。その理由は、増殖が早くて検出しやすいことからくるのでしょう。

16 健康にいいイメージの乳酸菌とビフィズス菌って何？

「プロバイオティクス」とは、体によい影響を与える微生物、またはそれらを含む製品、食品のことです。その代表格が乳酸菌とビフィズス菌です。

◎ 乳酸菌とビフィズス菌は違うなかま

乳酸菌は、糖を分解して乳酸をつくる菌の総称で、数多くの種類が存在します。人体には小腸と女性の膣に、乳酸桿(かん)菌属の乳酸菌が生育しています。

ビフィズス菌は、糖から酢酸や乳酸をつくります。とくに母乳で育った乳児の腸管内には、ただちに定着することが知られています。

なお、ビフィズス菌は、以前は乳酸桿菌のなかまとされていましたが、Y 字形に枝分かれして発育することから、現在では放線菌のなかまに分類されています。

◎ 乳酸菌が健康によいというイメージはメチニコフ説から

乳酸菌、ビフィズス菌が健康によいという考えは、ロシア生まれの微生物学者メチニコフ（1845 ～ 1916 年）にさかのぼることができます。20 世紀初頭に彼は、自身が唱えた「大腸内の細菌がつくり出す腐敗物質こそが老化の原因である」とする自家中毒説をもとにして、「ブルガリアのスモーリャン地方には長寿の人間が多く、その要因としてヨーグルトがある」という説を提唱しました。自身もヨーグルトを大量に摂取し、大腸を乳酸菌で満たして老化の原因である大腸菌を駆逐しようと努めました。

乳酸桿菌を摂取すると、腸内で繁殖し、有害な細菌の増殖をおさえることで健康と長寿をもたらすと説いたのです*1。

◎ 生きたまま腸に到達しても通過するだけ

しかし、乳酸菌飲料を飲むと本当に病気にかからず長生きするかどうかははっきりしていません。ブルガリア人の平均寿命も、20世紀後半以降の統計では、長いという結果はありません。

しかも、生きている乳酸菌を含んだ飲料を飲んでも胃の胃酸で死に、腸内に生育可能な形では到達しません。

1930年代にわが国の微生物学者である代田稔（しろたみのる）は、胃酸で壊されることなく腸まで到達する丈夫な乳酸桿菌（ラクトバチルス・カゼイ・シロタ株）を手に入れました。1935年に、それを発酵乳の中で育てて「ヤクルト」と呼ばれる最初のボトルをつくり出しました。

しかし、**生きたまま腸まで到達する乳酸菌も腸に定住できないで、通過するだけ**です。

生きて届くと、腸内を通過する間に乳酸や酢酸など常在菌によい影響を与えるものを分泌したり、殺菌されたものでも、常在菌のエサになったりするはたらきがあるとしています。

*1　メチニコフの説は、ハーシェルが1909年に出版した『発酵乳と純粋培養乳酸桿菌による疾病治療』、その2年後のダグラスの『長生きの桿菌』で世に広められました。

◎ 本当に健康にいいの？

乳酸菌やビフィズス菌がサプリになったものもあります。しかし、もっとも高濃度のプロバイオティクスでも、小袋ごとに数千個の細菌しか含まれていません。腸にはその数百倍以上の細菌がすでにいます。プロバイオティクスを摂取することによる人体への効果はあまり期待しないほうがいいかもしれません。それと、生きているものでも通過してしまうことから考えると、よい影響があるかどうかを検証するには長期間かかることでしょう。様々なプロバイオティクスがありますから、自分の体の状態を見ながら自分に合うものを見つけていくしかないでしょう。

プロバイオティクスで今のところ医学的な根拠があるのは、感染性下痢の発症の抑制､抗生物質治療による下痢のリスクを低減､壊死性肺炎(早産児を襲う腸疾患)から子どもを守ることくらいです。

だからプロバイオティクスはたいてい医薬品ではなく食品に分類されています。医薬品は厳しい規制がありますが、食品なら非常にゆるいからです。

ただし、プロバイオティクスの考え方は成り立ちますから、適切な微生物を摂取したりすることで健康に寄与する可能性は残されています。

17 腸内細菌は何をしているの？

腸内フローラを形づくっている腸内細菌は、どのようにして私たちの体調や健康に影響を与えているのでしょうか。また、腸はなぜ「第二の脳」といわれるのでしょうか。

◎ 腸内フローラは食べ物の不消化部分をエサにしている

私たちの体内の消化管は口、食道、胃、十二指腸、小腸、大腸、肛門の順につながる１本の長いパイプです。この口から肛門までの食物の通り道を**消化管**といいます。腸内細菌は、小腸と大腸の腸管にたくさんすんでいて、大部分は大腸にいます。ここでは大腸の腸内フローラが何をしているかを見てみましょう。

口からとった食べ物は、胃、十二指腸、小腸で、デンプンなどの糖はブドウ糖に、タンパク質はアミノ酸に、脂肪は脂肪酸とモノグリセリドに消化されて体内に吸収されます。

食物の不消化部分、消化液、消化管上皮がはがれたものが大腸にやってきます。大腸内の常在菌は、それらの一部をエサにしてくらしています。私たちの腸内は、適度な温度や pH になっていて、栄養が次々と供給されるなど細菌にとってはすみやすい環境です。

腸内フローラの細菌でもっとも多いのは**バクテロイデス・ブルガーリフ**で、うんちの中にいる菌の 80％を占めます。次に多い順でビフィズス菌、ユーバクテリウム属と続きます[*1]。

*1　バクテロイデスがどんな性質の細菌なのかは、科学誌『Nature』2015 年 1 月号に「腸内細菌のバクテロイデスが利己的にマンナンを独り占めしている」という報告からうかがわれます。マンナンとは酵母の細胞壁をつくる多糖類で、小腸まででは消化できないものです。

また、バクテロイデスのなかま（バクテロイデス・プレビウス）は海藻に含まれる食物繊維を分解できる酵素をつくることができますが、海苔などを食べる習慣のある日本人にはこの菌が腸内に生息している場合が多いことがわかっています。

バクテロイデスやビフィズス菌は、私たちの体内では消化しづらいフラクトオリゴ糖、ガラクトオリゴ糖、キシロオリゴ糖などのオリゴ糖（単糖が2個から10個程度結びついた少糖類）をエサにします。エサにすることでできる代謝産物は、主に酢酸や乳酸、酪酸などの酸、ビタミン（B1、B2、B6、B12、K、ニコチン酸、葉酸）、水素、メタン、アンモニア、硫化水素などです。

◎ 腸は第二の脳

強いストレスを受けると、便秘や下痢を起こすのは、脳と腸の深い関係を示唆しています。

では、脳と腸を結ぶ神経を切断したらどうなるでしょうか。

腸には、神経がくまなく張り巡らされています。**腸の神経は、**

脳とは独立したネットワークで他の消化器官と協調してはたらき、ほかの臓器にも直接指令を出しています。ですから、脳から腸にきている神経を切断しても腸は独自にぜん動運動（便やガスを排出する腸の動きのこと）をし、消化液も分泌します。つまり、脳と腸はあるときは連絡をとり合い、あるときは腸は脳の助けを借りることなく自前でぜん動運動などをしていることになるわけです*2。

腸のぜん動運動は、胃から直腸までの道のりをうんちがスムーズに移動するために欠かせないものです。それだけでなく、うんちがしたくなったり、食べ物の分解や消化に欠かせない酵素やホルモンの分泌を促すはたらきを担っています。このぜん動運動に、小腸と大腸を合わせて約1億個あるとされる神経細胞が深くかかわっています。この神経細胞の数は脳（約150億個以上）の次に多いのです。

脳が、強いストレスを感じると、自律神経を介してそれが瞬時に大腸に伝わり、便秘や腹痛、下痢を引き起こします。逆に下痢や便秘などの大腸の不調は、自律神経を介して脳のストレスになります。つまり、ストレスの悪循環が起きやすくなるのです。

腸内細菌はこれら腸の機能に大きくかかわっているほか、腸内細菌がつくり出す様々な物質が、脳や他の臓器に大きく関与することがわかっています。

このように、腸内フローラは人の体の健康維持に深く影響しているのです。

*2　1980年代、米国の研究者マイケル・D・ガーション博士が発表した「腸は第二の脳である」という学説は、こうした腸のはたらきを表したものです。

18 がまんしたおならはどこへいく?

おならは、食べ物とともに飲み込まれた空気、食物が腸内細菌のはたらきで発酵してできたガス、そして腸の粘膜を通して血管内の血液から出てきたガスなどが混じったものです。

◎ おならの成分

口から飲み込まれた空気や腸内で発生するガスと、おならやげっぷとして排出されるガスの量はバランスがとれています。このバランスが正常なら、通常、お腹には200 ミリリットル(コップ1杯分)程度のガスがたまっていることになります。

口から飲み込まれたり腸内で発生するガスのほとんどが、血液中に吸収されて肺を通り、呼吸のときに排出されます。げっぷやおならとして排出されるのは、お腹に入ったガスのわずか10%に満たない量です。

おならの量は食べ物や体調によっても異なりますが、1回で数ミリリットルから150 ミリリットルほどで、1日に約400 ミリリットル〜2リットル出るといわれています。

おならの研究に真剣に取り組んだのは、アポロ計画やスペースシャトルで有名なアメリカのNASA(米国航空宇宙局)の研究チームです。狭い宇宙船内で臭くて有毒なおならがたまったらまずいです。そのうえ宇宙食は、量は少ないが高カロリーなのでおならの生産効率が高く、水素やメタンガスの産生量も多いので場合によってはガス爆発の危険性があります。

彼らの研究によって、おならには、約400種の成分が含まれていることがわかりました。おならの主な成分は、飲み込まれた空気中の窒素が60～70％、水素が10～20％、二酸化炭素が約10％などです[*1]。

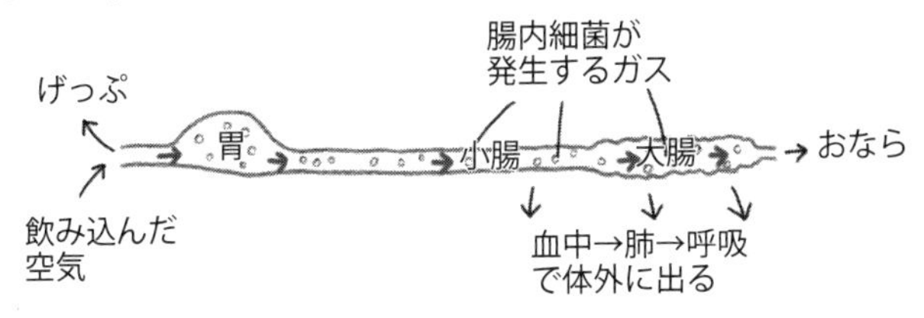

食べ物と一緒に口から飲み込まれた空気の成分は、乾燥空気で窒素78％、酸素21％、アルゴンその他1％です。酸素は好気性菌によって消費されるので、おならに一番多い成分の窒素はこの空気がもとになっています。

◎ 腸内細菌の呼吸でできるメタンと水素

小腸には、酸素があれば酸素で呼吸をする**通性嫌気性菌**がいます。酸素呼吸のとき、エサの栄養分（有機物）と酸素を最終的には水と二酸化炭素にする過程で生きるためのエネルギーを得ています。一方酸素がない状態では、メタンやエタノール（お酒の成分のアルコール）、乳酸、酢酸などと二酸化炭素にします。つまり酸素がない状態ではエサの有機物をすべて水と二酸化炭素にまでできないのです。したがってメタンなどは酸素がない呼吸（無気呼吸）でできたものです。

*1　その他に、酸素、メタン、アンモニア、硫化水素、スカトール、インドール、脂肪酸、揮発性のアミンなどがあります。

大腸内には水素をつくる水素産生菌のなかまもいます。通常、糖質は胃や小腸で消化・吸収されますが、吸収不良で大腸まできた糖質をエサにして水素をつくるのです。

◎「発酵」や「腐敗」は腸内細菌の“呼吸”？

腸内細菌は生きるために呼吸をしています。この呼吸は私たちが細胞内でも行っています。栄養分を代謝して生きるためのエネルギーを得るはたらきです。

この細菌が酸素がない状態でする呼吸（無気呼吸、嫌気性呼吸）を、人間にとってプラスになるものかマイナスになるものかで分ける場合があります。エタノールや乳酸など代謝産物が人間に有益なら**発酵**といい、アンモニアや硫化水素など人間に有害なら**腐敗**といいます。

◎ サツマイモを食べるとおならが出やすい？

よく、サツマイモを食べるとおならが多くなるといわれていますね。サツマイモやゴボウなどの食物繊維を多く含んだ食べ物を食べると、人間の消化酵素では分解できないデンプンの断片が腸内細菌の栄養源となり、腸内発酵が活発になるためです。

しかし、サツマイモが発酵してできるガスは主に無臭の二酸化炭素ですから、そのときのおならは臭くはありません。

◎ 腸内細菌がつくる臭いガス

腸内にある窒素、二酸化炭素、水素、メタンはにおいがないガスですが、アンモニアや硫化水素のようににおうガスもあります。アンモニアや硫化水素は、腸内細菌がタンパク質を分解するときにできます。糖質や脂質は炭素・水素・酸素からできているのですが、タンパク質はそれに加えて窒素が含まれています。種類によってはさらに硫黄を含んでいます。

アンモニアは、窒素と水素が結びついた分子で、とても水に溶けやすい、悪臭がする有毒なガスです。私たちの細胞内でもタンパク質、アミノ酸の代謝でできるので、肝臓で毒性の低い尿素にしています。**硫化水素**は、硫黄と水素が結びついた分子で、特異な悪臭がする有毒なガスです。

◎ 肉や魚ばかり食べるとおならが臭くなる

アンモニアと硫化水素はたしかに臭いのですが、微量でもさらに臭いのが**スカトール**や**インドール**です。

タンパク質には必ず窒素が含まれています。アンモニア、インドール、スカトールも窒素が含まれた物質です。アンモニアはタンパク質をつくるアミノ酸の代謝でもできます。インドール、スカトールは、トリプトファンというアミノ酸の代謝でできます。硫化水素は硫黄を含む物質ですが、含硫アミノ酸という硫黄を含んだアミノ酸の代謝でできます。

おならがにおうのは、大腸内のタンパク質分解菌や腐敗菌が生成するこれらが主な原因です。

タンパク質をたくさん含んでいるのは肉や魚などですから、これらをたくさん食べたあとは、におい物質が大量にできます[*2]。

*2　うんち研究者の辨野義己(べんのよしみ)さんは１日に1.5キログラムの肉を40日間食べ続けました。毎日米や野菜、果物を口にしないで肉食を続けるとビフィズス菌は減少し、クロストリジウムが増え、体臭がきつくなり、うんちも強烈なにおいを発するようになったということです。

ストレスによってもおならは臭くなります。これは、疲れ、ストレスで、胃や腸といった消化器も、食べ物をうまく消化できなくなるために、腸内細菌のバランスが崩れるからです。ストレスは便秘や下痢ももたらします。便秘になると食べ物が長時間腸内にとどまっているため、腐敗や発酵が起こりやすくなります。

このように、おならのにおいは腸内細菌の様子をはかるバロメーターになります。

◎ がまんしたおならはどこにいくの？

突然おならが出そうになるときがあります。でも、まわりに人がいたりすれば、ためらわれるものです。そこで、おしりをぎゅっと縮めてがまんするのですが、しばらくがまんし続けているうちにどこかへ消えていってしまいます。このとき、おならはどこへいってしまうのでしょうか。

がまんし続けたおならのほとんどは、時間の経過とともに大腸の粘膜にある毛細血管から血液中に吸収されていきます。このとき、おならの量が多ければ大腸の手前にある小腸まで逆流し、ここでも同様に粘膜の毛細血管から血液中に吸収されていきます。そして、血液中に入ったおならは、血流にのって全身を巡ります。途中、一部は腎臓で処理されておしっこの成分となりますが、残りは肺の毛細血管まで運ばれ、呼気（息）に混じって口や鼻から排出されます。つまり私たちは、気づかぬうちに**口や鼻からもおならを出していることになる**のです。

19 うんちの色や形で健康チェックができる？

私たちの体の消化管を工場に例えると、うんちは製品ということになります。工場がきちんと動いたかどうかは、製品であるうんちの仕上がり具合を見ればわかります。

◎ うんちって何？

うんちは、食物の不消化部分、消化液、消化管上皮がはがれたもの、腸内細菌の死がい（もちろん生きている腸内細菌も）などを含んでいます。だいたい、水分が全体の60％、消化管上皮がはがれたもの（腸壁細胞の死がい）が15～20％、腸内細菌の死がいが10～15％です。

うんちの量および回数は食物の種類や分量、消化吸収状態によって違ってきますが、だいたい1日に100～200グラムで、1日1回が普通です。一般に、動物性食品を多くとると植物性食品の多食時に比べて量・回数とも少なくなります。

◎ 理想のうんちは「バナナ」？

うんちの色は黄色から黄色がかった褐色で、においがあっても臭くなく、やわらかいバナナ状が理想です。

逆に黒っぽい色で、悪臭がある便は、腸内細菌のバランスが悪くなっている状態です。お腹の中の同居人である腸内細菌の状態をよく知り、仲よくなることが健康づくりには大切です。

腸内細菌の研究者辨野（べんの）さんがあげる「理想のうんち」は次のようです。

- 毎日出る
- いきまずに、ストーンストーンと出る
- 色は黄色から黄色がかった褐色
- 重さは200～300グラム
- 分量はバナナ２～３本分
- におうけれども、きつくない
- 硬さはバナナ状から練り歯磨き状
- 水分量は80%
- 便器に落ちると水中でパッとほぐれて、水に浮く

分量や硬さはバナナが基本です。重さをはかるのはたいへんですから、バナナ２～３本分という分量がわかりやすいですね。

うんちの太さは、基本的に肛門の締まり具合で決まります。理想的な硬さのうんちなら、やはり皮をむいたバナナと同じくらいの太さになるはずです。

便切れのよいうんちは、粘液の「衣」をまとっているので肛門につきにくく、トイレットペーパーで何度もふく必要がないのです。この粘液の正体は、消化管から出るムチンと水分です。

ムチンは、糖とタンパク質を成分とする高分子です。この粘液が消化管とうんち双方の表面に薄くつくことで、うんちはスムーズに消化管を移動し、そして肛門をスルリと通り抜けることがで

きるのです。なお、ムチンはだ液にも含まれており、食べ物を飲込みやすくするのに役立っています。

◎ うんちの色の秘密

うんちの色のおおもとの成分は胆汁(たんじゅう)です。**胆汁**は、脂肪の消化吸収に大切な役割を果たす消化液で、胆汁酸、リン脂質、コレステロール、胆汁色素（主にビリルビン）などの有形成分と、ナトリウムイオン、塩化物イオン、炭酸イオンなどの電解質からなっています。肝臓でつくられ、肝管、胆のう、総胆管という道を通って十二指腸に流れ込みます。

胆汁酸は、腸内で石けん・洗剤のような役割（界面活性作用）をします。水と油（脂質）は混じり合わないのですが、界面活性のはたらきで、水に溶けない脂肪酸、脂溶性ビタミン、コレステロールなどの脂質成分と一緒になり水と仲よくさせることで、その脂質成分の吸収を助けています。

十二指腸に流れ出た胆汁中のビリルビンは、大腸の中で腸内細菌の影響を受けて、ウロビリノーゲンに変わり、そしてこの大部分が便の色のもととなる黄褐色のステルコビリンへ変わっていきます。

◎ うんちの色で健康チェック

うんちの色は、大腸を通過する時間が短いと黄色になり、長くなるほど黒っぽくなります。

黄色や黄色がかった褐色は、健康なうんちの色です。胆汁中の黄色い色素がうんちに混じっているため、通常は茶褐色や黄色、もしくは緑っぽい色をしています。

脂質の脂肪分をとりすぎると胆汁を使いすぎて補給が間に合わないために白っぽい便になります。食事に心当たりのある場合は心配ありません。

しかし、肝炎や胆石(たんせき)症などがあり、胆汁が流れなくなっている可能性もあります。ときには肝臓がんや胆のうがん、すい臓がんのこともあります。

血液が混じっていたり、タール状の便が出たときは危険サインです。うんちの表面に血がついている場合は、痔(じ)の可能性が高いです。しかし、うんち全体が赤っぽいときは大腸からの出血が考えられ、大腸がんや直腸がんの可能性もあります。

ドロッとしたタール状のうんちが出たときは、上部消化管からの出血が疑われる危険サインです。出血性胃炎、胃潰瘍(かいよう)、十二指腸潰瘍、胃がんの可能性があります。

なお、肉や魚などタンパク質をたくさんとると分解して悪臭物質をつくられますので、うんちのにおいが臭くなります。

◎ うんちと香水のにおいは同じ成分？

タンパク質が腐敗菌によって分解されると悪臭を放ちます。それが、インドールやスカトール[*1]、硫化水素、アミンなどです。これらは、おならのにおいとも関係しています。

インドールは室温では大便臭のする固体の物質です。ところが**うすめて低濃度にした場合は芳香があり、オレンジやジャスミン**

*1 「スカトール」は、ギリシャ語でうんちを意味する「スカト」から命名されました。

など多くの花の香りの成分でもあります。実際、香水に使われる天然ジャスミン油は約2.5%のインドールを含みます。香水や香料には合成インドールが使われています。

スカトールも、うんち臭のもとですが、やはり**うすめるとジャスミンの香りになります**。インドール同様、香水や香料に使われています。

◎「宿便」って何？

宿便とは「腸壁にこびりついてとれないヘドロ状のうんち」ということですが、実は、それに当たるものは存在していません。小腸や大腸の上皮（腸粘膜）は、新たに増殖し供給される細胞によって柔毛（じゅうもう）という小突起の頂上まで押し上げられて頂上に達するとはがれ落ちてしまいます。３～４日で新しくなっており、うんちがこびりつくような状態にありません。内視鏡でも腸壁にこびりついたうんちは確認できないとのことです。ですから、いわれているような「宿便」はないのです*2。断食をしてもウンチは出ます。でもそれは宿便が出たのとは違います。通常のうんちは、食物の不消化部分、消化液、消化管上皮がはがれたもの、腸内細菌の死がいなどを含んでいますが、断食のときには食物の不消化部分がないだけです。

なお、直腸に便があるのに排便できない「宿便性直腸潰瘍（かいよう）」という珍しい病気はありますが、これも宿便とは違います。

*2　にもかかわらず、「血液を汚し、消化吸収を妨げ、毒素を発生させ、病気のもとになる」から「宿便を取り除いて、おなかをスッキリ」させようという宿便情報が多数あります。そして、サプリやエステ療法、腸内洗浄を勧めたりするサービスもあります。

◎ うんちの形で健康チェック

うんちの硬さ、形といった特徴を７段階に分類した国際的な基準があります。ブリストル・スケールといい、イギリスのブリストル大学が開発しました。

４〜５の間の練り歯磨き状のうんちがもっとも健康な状態です。

ウサギのフンのようなコロコロしたうんちは、神経質で便秘がちの人に多いです。

バナナ状うんちは、健康な状態ですが、水分が不足すると便秘になります。切れ痔にもなりやすくなります。

ストレスや消化不良、水分をとりすぎてもうんちがやわらかくなります。しかし、急に細い便が出るようになったときは、直腸がんの疑いがあります。

ブリストル・スケール

長い
消化管の通過時間
短い

1 コロコロ
2 硬い
3 やや硬い
4 普通
5 やや軟らかい
6 泥状
7 水様

便秘気味
食物繊維を
とろう！

健康！

ストレスなどで
過敏性腸症候群に
なっているかも

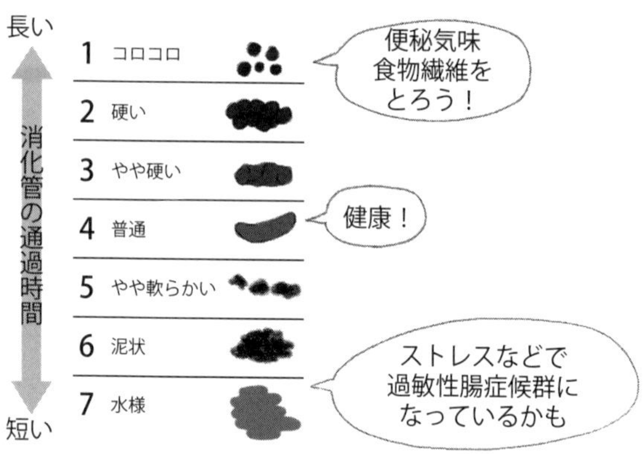

一時的な下痢の場合に多いのは形がはっきしないかゆ状や液状のものです。何度もトイレに行ったり、下痢が３日以上続くときは食中毒などの可能性があります。

◎ 健康なうんちは水に浮く？それとも沈む？

ご飯を中心とした日本食は､基本的に食物繊維に富んでいます。日本食はあまり栄養を考えなくても各種の栄養をバランスよくとれる食事なのです。主食のご飯からは炭水化物、主菜の肉、魚、豆腐などからはタンパク質や脂質、副菜の野菜の煮物やサラダなどからはビタミン、ミネラル、食物繊維などをとることができます。

食物繊維があると、途中お腹の中で水分をたっぷりと含んでうんちの体積を増し、便秘を防ぐほか、大腸のはたらきを促して、うんちを出しやすくします。

ものが水に浮くか沈むかは、ものの密度が水の密度１ g/cm^3 より大きいか小さいかでわかります。水の密度より大きい密度のものは水に入れると沈みます。逆に小さい密度のものは水に入れると浮きます。

日本食を中心としたバランスのよい食生活を送っているなら、うんちの密度はだいたい 1.06 g/cm^3 くらいといわれています。水よりも少しだけ大きいことになります。といっても、その差はほんのわずかですから落下の勢いがとくに大きくなければ、健康なうんちは水に沈むというより、むしろ静かに水中にただようという感じになるはずです。

食物繊維が多くて空気やガスを含んでいるうんちならば、密度が小さくなって浮きます。また脂質分が多いうんちも脂質は水より密度が小さいので浮きます。脂質が多くて浮く場合は、水の表面に油膜がギラギラと張ります。ただし、脂質の消化吸収がちゃんとできていないうんちですからこれはよいうんちとはいえません。

なお、肉などのタンパク質をたくさん食べるとうんちの密度は大きくなり、水に沈みやすくなります。

第３章
「おいしい食品」をつくる微生物

うまい！

20 「発酵」と「腐敗」は何が違うの？

2013年に「和食」がユネスコの無形文化遺産に登録されました。その和食の中心的な存在が「発酵食品」です。私たちの食文化は細菌とともに発展してきたのです。

◎ 発酵食品が多い日本

日本の食事スタイルは「一汁三菜（いちじゅうさんさい）」といわれてきたことでもわかるように、動物性の脂肪分をあまりとらず、長寿や肥満の防止にも効果的だといわれています[*1]。

なかでも豊かな味わいを出すのが、**発酵を利用した調味料**の豊富さです。具体的には味噌や醤油、みりん、酢、カツオ節、魚醤（ぎょしょう）などがあげられますが、これらは日本独特のもので、いずれも**カビや酵母を使った発酵食品**です。

このほかにも、たとえば野菜を通年で摂取するために工夫されたもののひとつに漬物があります。漬物は野菜を食塩と一緒に漬け込み、乳酸発酵させたものですが、塩分が少ないと乳酸菌以外の細菌類も繁殖し、やがて腐敗してしまいます。

◎ 発酵と腐敗の違い

細菌の活動によって、人間の食生活に有効なものがつくり出される場合、それを**発酵**と呼びます。一方で、それが有毒であったり、食用に適さないものである場合は、**腐敗**といいます。

*1 一汁三菜とは、ご飯に汁もの、おかず3種（主菜1品、副菜2品）で構成された献立のことです。おかずは主に生魚を使用したなます、焼物、煮物の3つがつく献立といわれています

◎ 国の菌「ニホンコウジカビ」

発酵食品は世界中いろいろなところにあります。しかし、日本ほど発酵食品を多用している国はなかなか見つかりません。

日本の発酵食品を生み出すもとになっているのが、**ニホンコウジカビ**（*Aspergillus oryzae* = アスペルギルス・オリゼー）によってつくり出される**麹**（こうじ）です。

カビというと、あまりいい印象は持たないかもしれません。たしかに古いパンなどに発生する赤カビは、マイコトキシンというカビ毒をつくり出し中毒症状を起こしたり、緑色の青カビと呼ばれるものにもカビ毒を生み出すものがあります。

一方、日本では多用されてきたニホンコウジカビは有毒な物質をつくり出しません。**コウジカビは、植えつけられた対象のデンプンやタンパク質を分解し、糖やアミノ酸に分解しながら成長します**。その性質をうまく利用して、味噌、醤油、清酒など様々な食品をつくり出してきたのです。

このようにニホンコウジカビは、日本の伝統的な食文化に大変大きな影響を与えてきました。そのことから日本醸造学会は、このカビを日本の「国菌（こっきん）」に指定しています。

21 日本酒のつくり方はビールやワインと何が違うの？

日本が誇るお酒・日本酒は、世界で愛されるようになりました。にごりのない美しいお酒は、微生物と人間がつくり出すハーモニーです。清酒の世界をのぞいてみましょう。

◎２段階の発酵過程でおいしいお酒ができる

清酒をつくるのに重要なのは、麹（こうじ）です。これはニホンコウジカビで、味噌・醤油・日本酒の醸造には欠かせない菌です。清酒の製造過程では「一こうじ（麹）、二もと（酛）、三つくり（造り）」といわれ、麹づくりの良し悪しで清酒のでき方が大きく変わってきます。

麹づくりでは、まず、蒸したお米に麹菌の種菌（たねきん）がまかれます。パラパラと種菌をまく様子から、この工法を「散麹（ばらこうじ）」といいます。これに対して、東南アジアの酒造りでは、「餅麹（もちこうじ）」という、固めた蒸米に数種の麹菌とクモノスカビなどを一緒に生やしたものが用いられます。餅麹は、数種の菌が共生していますが、日本では１種の麹菌のみを繁殖させたものを使います。これが、日本酒の澄んだおいしさをつくる秘密のひとつになっていると考えられています。

その麹を、「麹室（こうじむろ）」という特別な部屋で約２日かけて繁殖させます。麹室は気温が30℃、湿度が60％ほどに保たれていて、麹菌が繁殖しやすい環境になっています。麹のでき具合が清酒の品質を左右するため、清酒の醸造元では、麹室にお金をかけます。

次に行われるのが、「もと」と呼ばれる酵母が入った液体をつくる作業です。麹と水をまぜたところに、種酵母を入れ、その酵母を増やします。この液体は「酒母（しゅぼ）」とも呼ばれ、麹・米と一緒に仕込まれることになります。素性がはっきりしているアンプル（小さなガラス製容器）入りの種酵母を純粋に増やし、醸造結果が安定するように工夫されています。

麹によってお米のデンプンが糖化され、**その糖を酵母がアルコールにする**という二段階のはたらきで清酒ができあがります。ワインがブドウの糖を直接酵母がアルコールに変えるのに比べると、日本酒は独特の醸造方法でつくり出されているのです。

酒の醸造過程

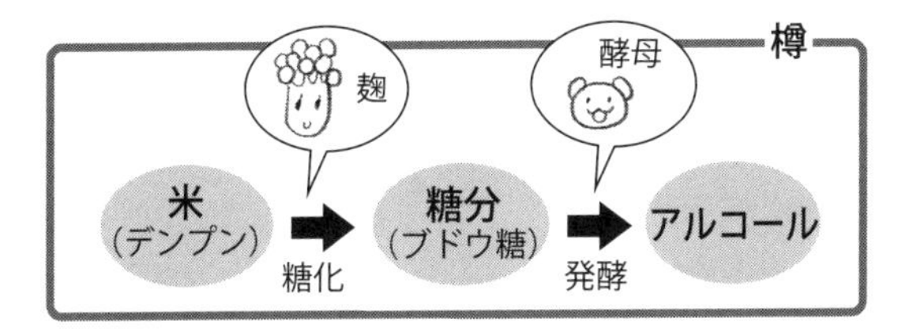

◎ 日本酒の歴史

日本酒の歴史は古く、世界でも最古の部類に入ります。もっとも古い日本酒は、「口噛み（くちか）酒」でした。**唾液に含まれるアミラーゼがデンプンを糖に変え、その糖を天然の酵母がアルコール発**

酵してお酒にしました。神社などで奉納されたお酒がこれでした。その後、麹を使ったお酒が登場するのは、奈良時代です。文書に正式に登場するのは奈良時代ですが、それより前に麹を利用した酒造りは存在し、日本各地で試行錯誤されていたのではないかと考えられています。室町時代になると麹をつくる専門家が現われ、良質な麹を増やして販売するようになります。

◎ 日本酒の種類

日本酒の種類は、原料となる酒米の精米歩合とアルコール添加の有無によって変わります。一般的に、精米歩合が低いほど雑味がなく、繊細なお酒ができあがります。

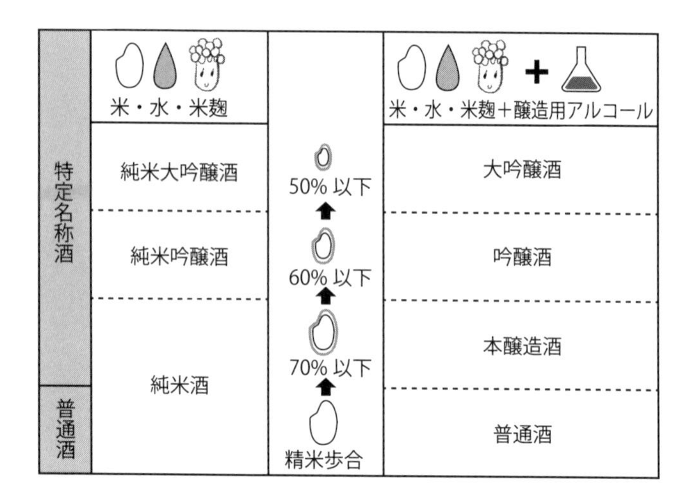

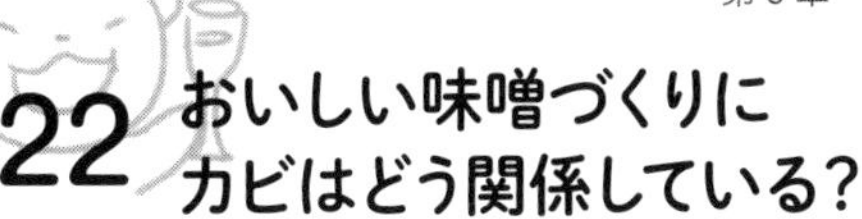

22 おいしい味噌づくりにカビはどう関係している？

味噌は日本の食卓に欠かせない調味料で、各地に様々な種類のものがあります。ところで味噌はカビがつくっているのをご存知でしょうか。味噌とカビの関係を見ていきましょう。

◎ 全国各地の味噌

全国各地には様々な種類の味噌がありますが、大きく３種類に分けることができます。

まずは、日本各地で広くつくられている**米味噌**です。この味噌は、お米に麹菌をつけてつくる米麹と、大豆・塩からつくられます。白味噌や赤味噌、甘口、辛口など、各地で様々なバリエーションがあります。

２つめは、豆からつくられる**豆味噌**で、愛知県三河地方などでつくられている八丁味噌が有名です。この味噌は、大豆に直接麹菌をまぶしてつくる豆麹と大豆・塩からつくられます。水分が少なく、濃厚な風味が特徴です。

３つめは、九州地方、中国地方西部、四国地方の一部で盛んにつくられている**麦味噌**です。これは、麦を使ってつくる麦麹と、大豆・塩からつくられる味噌です。麦味噌は、淡い色合いの甘味のある味噌です。

このほかにも、変わり種である味噌が数多くあります。味噌は、地域によって様々なつくり方があり、同じような製法でも、少し地域が変わると味も香りも異なったものになります。昔は各家庭にオリジナルの味噌があったようで、自分の家でつくった味噌を自慢したことから、今でも「手前味噌」という言葉が残っています[*1]。

◎ おいしい味噌のつくり方

味噌はどのようにつくるのでしょうか。米味噌づくりの方法を見ていきましょう。

味噌づくりはまず、米麹をつくることから始まります。麹は、「糀」とも書きます。「糀」は日本でつくられた漢字（国字）で、できあがったコウジが、お米に花が咲いたようになることからつくられました。良質の米を蒸して、そこに麹菌の種菌(たねきん)をつけ、麹菌がついた米を約48時間寝かせると、麹菌が繁殖して麹ができます。このときに使われる麹菌は黄(き)麹菌と呼ばれ、アスペルギルス・オリゼーという種類のカビです。

次に大豆を煮ます。煮た大豆をつぶして広げ､熱をとったあと、適量の比率の米麹・大豆・塩を容器に入れ込みます。できるだけ空気が入らないように足で踏みならすなどして原料を容器内に入れていきます。空気が入らないようにすることで、雑菌のはたらきがおさえられ、コウジカビや乳酸菌・酵母がはたらくようになる重要な作業です。こうして容器に入れ込まれた味噌の原料は、ゆっくりと熟成され独特の色・味と香りを醸し出し、おいしい味噌ができあがります。

*1　冷蔵庫がなかった昔は、保存が難しい場合もあり、塩分が多すぎて、実はまずかったなんていう説もあるようです。

◎ 白味噌と赤味噌

味噌には「白味噌」と「赤味噌」がありますが、両者の違いはつくり方にあります。**白味噌は、大豆を煮てその煮汁を分離する**一方、**赤味噌は大豆を蒸してすべての大豆を利用**します。味噌の褐色は大豆の成分が化学反応してできるものですが、製法の違いによって成分に差が出て色の違いになります。熟成させる期間も重要で、期間が長くなると色が濃くなり、赤味噌になるのです。

◎ 味噌の風味

味噌の原料である大豆には、豊富なタンパク質が含まれています。また、デンプンも多く含まれています。コウジカビが持つ酵素によって、タンパク質は分解されて**アミノ酸**になり、デンプンは分解されて**糖**になります。**アミノ酸は旨味のもと**になり、**糖は甘味のもと**になります。また、製造過程で入り込んだ耐塩性酵母や耐塩性乳酸菌のはたらきによってアルコールや乳酸もでき、独特の風味を加えます。乳酸のほどよい酸味は他の雑菌の繁殖をおさえ、味噌が腐敗するのを防いでいます。

◎ 味噌と健康

味噌にはがんを抑制する効果や、糖尿病、高血圧の予防効果があることが近年の研究でわかってきました[*2]。また、味噌汁の塩分は、他の食品に比べて少ない特徴があります。野菜などの塩分を含まない（少ない）具を多く入れれば味噌汁の汁の部分が少なくなり、さらに塩分の摂取量を減らすこともできます。

*2　味噌汁を毎日摂取する人のグループと、そうでない人のグループでは、これらの症状に差があり、味噌汁をとる人のほうががん・糖尿病・高血圧になりにくいという結果が報告されています。

23 淡口醤油は塩分濃度が一番高い?

日本の食文化を支える醤油も、微生物によってつくり出されます。それも、いくつかの微生物を段階的にはたらかせる日本ならではの製法といえそうです。

◎ まずは麹つくり

醤油づくりは、主原料である「大豆」と「小麦」にニホンコウジカビを植えつけることからはじまります。

ニホンコウジカビは多くの物質を分解します。蒸し上げられた大豆の主成分であるタンパク質を分解してアミノ酸に、小麦の主成分であるデンプンを糖に分解するのです。麹づくりではこの行程がもっとも重要です。コウジカビを植えつけたあとしばらくすると、コウジカビは菌糸を伸ばし成長します。そこで空気を送り込むために攪拌(かくはん)してほぐす「手入れ」を行います。

◎ 仕込み

できあがった醤油麹に冷やした食塩水を入れて、麹と食塩水が混じり合ったものが「もろみ」です。これをタンク内で冷却しながら熟成させます。このとき活躍するのが乳酸菌です。乳酸発酵によって、もろみは酸性に偏ります。こうすることで他の細菌類がはたらきにくい環境になります。

次に追加されるのは酵母です。酵母は、小麦が分解されてできた糖分を分解してアルコールをつくり出します。このアルコールは、先ほどまで活躍していた乳酸菌がつくり出した様々な有機酸と反応して、醤油の複雑な香りや旨味をつくり出します。

酵母がじっくりはたらくことで、醤油の味は厚みを増します。ですから熟成期間の長い醤油が深い味わいになるのです。

◎ もろみを絞る

完全に熟成を終えたもろみはいよいよ絞られます。木枠につけられた布の上に置かれたもろみを何段にも重ねると、その重みでもろみの液体成分が絞り出されます。自重だけで絞りきれなかった分は外圧で圧縮して完全に絞りきります。これが生(き)醤油です。

絞りきった固体部分は醤油粕(かす)と呼ばれ、家畜の飼料などに利用されます。

◎ 火入れ

生醤油には、たくさんの微生物が生きた状態で入っています。短期間であれば問題ありませんが、このままでは微生物群によって生醤油の風味はどんどん変化します。そこで、瞬間高温殺菌や色の調整などを行います。さらに多くの場合はろ過して、瓶詰めなどを行い商品としての醤油が完成するのです。

◎ 醤油の種類

醤油は大きく５種類に分けられます。旅行に行って自分が使い慣れていない醤油に出会って驚くこともあるはずです。それぞれの特徴を確認していきましょう。

▼濃口(こいくち)醤油

全国の８割以上を占めるごく普通の醤油です。日本の醤油の代表格です。

▼淡口(うすくち)醤油

食塩を多めに使って発酵させた色の薄い醤油。色が淡いため、主に素材の色を生かしたい料理に使われ、上方料理から発達しました。味が薄いという意味ではなく、塩分濃度も高いのが特徴です。

▼溜(たまり)醤油

中部地方でつくられる色の濃い醤油で、独特のとろみも持っています。濃厚な旨味と独特な香りを持っています。

▼再仕込(さいしこみ)醤油

山陰地方や九州北部で使われる味や香りが強い醤油です。麹を食塩水で仕込む他の醤油と違い、すでにこの段階で生揚げ醤油を使って仕込むので、再仕込と呼ばれます。

▼白(しろ)醤油

淡口醤油よりも一段と色が薄い琥珀色の醤油です。甘みも強く、独特な香りを持っています。

ところで、醤油の塩分を気にする人は多いでしょう。

食塩含有量は淡口醤油が最高の18%、濃口が16%で、減塩醤油は9%ほどです。上手に使い分けたいものですね。

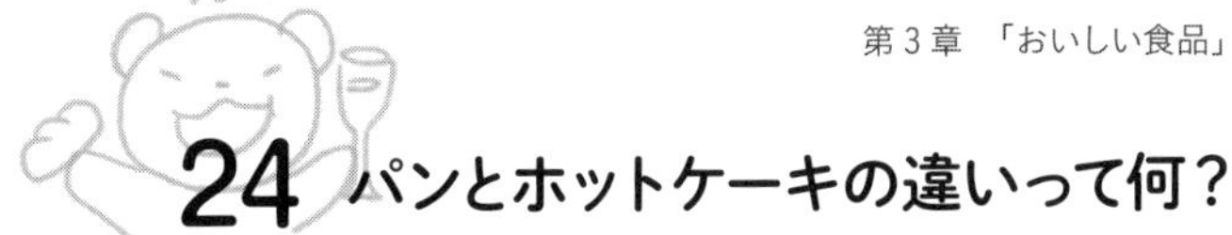

24 パンとホットケーキの違いって何？

> パンとホットケーキはどちらも小麦粉を使って焼き上げます。でもホットケーキはすぐ焼けるのに、パンづくりには時間も手間もずいぶんかかります。違いは一体どこにあるのでしょうか。

◎ 原料から見る両者の違い

ふわふわに焼き上がったパンとホットケーキを見てみると、断面はスポンジ状になっています。このすき間はどのようにしてつくられるのでしょうか。まず両方の原材料を見てみましょう。

パン：小麦粉・水・砂糖・ドライイースト

ホットケーキ：小麦粉・牛乳・砂糖・卵・ベーキングパウダー

大きな違いはドライイーストとベーキングパウダーにあります。ドライイーストは、**イースト菌**（酵母菌）という微生物を乾燥させて休眠させたものです。一方ベーキングパウダーは、炭酸水素ナトリウム（重そう）と酸性剤（酒石酸など）を主な素材にしたものです。

◎ ホットケーキがふくらむ理由

ホットケーキのつくり方は簡単です。全材料をかき混ぜてフライパンに流し込み、中火で加熱します。するとだんだん生地がふくらんでくるのです。裏返してもう少し焼いたらできあがりです。生地の中では炭酸水素ナトリウムと酒石酸が反応して二酸化炭素が発生し、フワフワのもとになっているのです。

◎ パンがふくらむ理由

イーストを使うパンは、焼く前に**発酵**という段階を経ます。

発酵はイーストを使って行われます。イーストは、生地と一緒に入れられた糖分を栄養分として利用し、それを分解します。そのとき、二酸化炭素やアルコールなどをつくり出します。

発酵は、イーストにとってもっとも活動しやすい30～40℃程度で行われます。多くの場合、2回目の発酵を終えた生地がいよいよ焼かれてパンになります。

焼き窯に入れられた生地は、高温の窯で焼かれてさらにひとまわりもふたまわりも大きくふくらみます。生地の中にできた二酸化炭素の泡が加熱されて膨張するからです。

小麦粉に水を加えて混ぜると、小麦粉に含まれているグリアジンとグルテニンという2種類のタンパク質が、粘性と弾性を合わせ持った物質（グルテン[*1]）にだんだん変わっていきます（混ぜ方を変えることによって、パン、うどん、ケーキ、麩（ふ）といった製品の違いができます）。

イーストがつくり出した二酸化炭素の泡は、グルテンの粘り気によって保持されてつぶれることがないのです。パンを焼くときに強力粉という小麦粉を使うのは、強力粉にはグルテンが多く含まれているからです。

*1　グルテンが引き金になって体の不調を起こす病気があるため、近年「グルテンフリー」の食材が話題ですが、その病気が疑われる場合は医療機関の受診が必要です。そうでない人がグルテンを避けることに科学的な意味はなく、かえって栄養状態を不良にするなどの危険があります。

もっとも活動しやすい温度を超え、60℃くらいになると生物であるイーストは活動できなくなります。焼き窯の中は100度を超えていますから、すべてのイーストは焼け死んでしまうのです。

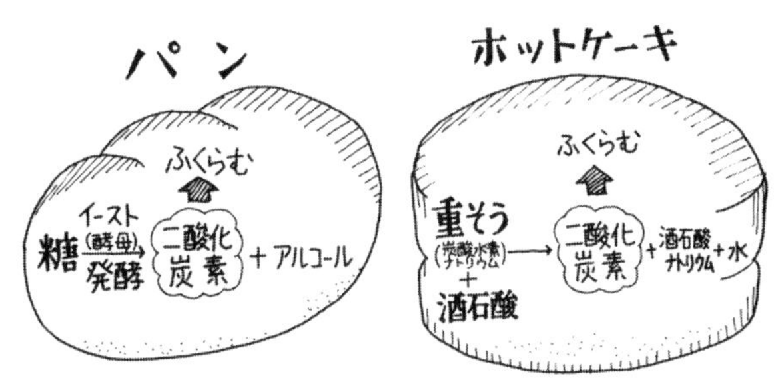

材料とでき方が違う（二酸化炭素でふくらむのは同じ）

◎ 天然酵母とドライイースト

最近、**天然酵母**でつくったパンをよく見かけます。この天然酵母とはどのようなものなのでしょうか。実は酵母というのは生物の分類名ではありません。核を持った微生物のうち、運動性がないものをひとまとめにして酵母と呼んでいます。

ドライイーストというのは、この酵母を工業的に純粋培養し乾燥させたものです。

「天然酵母」とはブドウなどの果実の周りについている酵母です。純粋培養されているものではありませんから、温度管理などが難しかったり、発酵力もドライイーストと比較すると弱かったりと、手間のかかるものです。反面、独特な風味を醸し出すものもあるので、重用されているというわけです。

25 ビールの泡は微生物の吐息だった？

ビールの泡にこだわりのある人は多いものです。泡の成分は、他の発泡飲料と同じで二酸化炭素です。あの泡はどのようにしてできたもので、なぜ長時間消えないのでしょうか。

◎ ビールの成分

ビールは、麦芽・ホップ・米・コーンスターチからできています。では、これらを使ってどのようにつくられるのでしょうか。工程を大まかに確認してみます。

① 麦を発芽させて麦芽をつくります。その後乾燥させて成長を止めます。根などを取り除いたものがモルトです。

② 麦芽を砕いて米やコーンスターチなどと一緒に煮ます。するとデンプンが麦芽によって分解されて麦芽糖になります。この液にホップを加えてタンクに入れます。これを麦汁（ばくじゅう）といいます。

③ 麦汁にビール酵母を加えて１週間ほど放置します。酵母は、麦芽糖を栄養分にして盛んに二酸化炭素を出し、アルコールに変えていきます。これをろ過して瓶などに詰めたものがビールです。

ビール酵母といっても、そのはたらきは簡単なものではありません。つくる途中のビールの表面で活発に活動する上面発酵酵母と、最後の最後にビールの底で活躍する下面発酵酵母があり、これらのバランスなどがビールの風合いを生み出すのです。

◎ 泡の正体は

ビールの泡はビール酵母が活動した結果生まれたもので、二酸化炭素です。

問題はその泡が消えないことです。同じように、酵母がつくった二酸化炭素が含まれる飲み物には、シャンパンや発泡性の日本酒などがあります。ところがその泡が長時間持続することはありません。なぜ、ビールの泡だけがあのように長時間消えずにいるのでしょう。それはビールの成分に起因してします。

麦芽に含まれていたタンパク質と、ホップの中に含まれていたいイソフムロンという樹脂成分が結びついて、比較的強い泡ができると考えられています。たしかに残ったビールの泡だけ舐めてみると、強い苦味を感じます。ビールの泡には苦味成分が集まっているのです。

泡はビールを空気から遮断してくれます。見かけだけの問題ではなく、これによってビールが本来持つおいしさを泡が消えるまでの間は持続させられるわけです。

◎ おいしい飲み方

５～８℃くらいに冷やして、泡を楽しみながら、爽快などのごしを味わいます。油分があると泡が消えるので、グラスはあらかじめよく洗い油分を落としておきましょう。

26 ワインはどうやってつくるの？

水を加えず、ブドウだけでつくられるお酒がワインです。色、風味の違いはブドウの品種とつくり方で決まってきます。どのようにつくられているのか見てみましょう。

◎ 白ワインと赤ワイン

透明感のある**白ワイン**は果皮(かひ)や種子を取り除いたブドウ果汁を発酵させてつくります。一方、**赤ワイン**は黒い種皮を持つブドウを、果皮・種子ごと破砕して発酵させます。果皮から赤い色素、種子から苦味成分のタンニンが出てきて色や渋みがつくわけです。**ロゼワイン**は、赤ワインの醸造工程の途中で果皮の部分を取り除く方法や、黒いブドウを利用して適当な色になるまで果皮も一緒に絞り、その後醸造する方法があります。いずれも、ブドウ液からつくられることは共通しています。

◎ ここでもはたらくのは酵母

ワインはブドウ果汁に加えて酵母を使います。活躍するのはサッカロミセス・セレヴィシエというグループの酵母で、ブドウ果汁の糖分をもとにアルコールとして主にエタノールや様々な成分をつくり出します。ワインには発酵臭という大切なにおいがあり、酵母がブドウからつくっています。その成分は200種類以上もあり、多くはエステルというのです。どの酵母を利用するかで香りやタンニンの渋みが変わってきます。つまりワインの品質はブドウと酵母、両方に依存しているのです。

◎ 酵母の種類

パンと同じように、「天然酵母がいいか、培養酵母がいいか」という論争がワイン業界にもみられます。天然酵母はブドウの果皮についた菌を使うことになりますが、そこには人間が期待しているエタノールをつくり出すはたらき以外をするものがいる可能性があります。それを回避するために、目的に合致した酵母を培養して使います。昨今は失敗なく狙い通りのワインをつくり出すために、培養酵母の利用が増えています。遺伝子組換え酵母も登場し、短期間で効率よくワインをつくることができるようになりました。

◎ 高級な「貴腐（きふ）ワイン」

気象条件やブドウの熟し方などが合致したとき、ブドウの果皮にボトリティス・シネレアという種類のカビが繁殖します。このカビは**貴腐菌**と呼ばれ、本来ブドウの果皮の表面を覆うワックスがこのカビで分解されます。すると果実の水分が蒸発し、糖分が濃縮され独特な風味が加わります。この果汁を発酵させたのが甘いことで有名な貴腐ワインです。

ワインの成分表を見ると、多くの場合亜硫酸塩（ありゅうさんえん）と書かれています。亜硫酸塩はワインの酸化をおさえたり、品質を損なうような微生物の繁殖をおさえるはたらきがあります[*1]。

*1　たとえば生牡蠣（かき）を食べるときにワインを飲む習慣のあるヨーロッパの国々での調査では、生牡蠣に含まれる食中毒の原因菌をワインによって減少させられるという結果もみられています。

うまい！

27 酢酸菌はデザートから先端技術までつくっている？

酢飯をつくるための必須アイテムが酢です。海外では同じようなものを「ビネガー」として利用しています。これらの食品はどのようにしてつくられているのでしょうか。

◎ 酢をつくる酢酸菌って何？

酢とビネガーは、利用されている国は違うものの、共通していることがあります。それはあの酸っぱさと鼻にツンとくる特徴的な香りです。その主成分は酢酸（さくさん）です。

酢の原料は、主に穀物や果物です。穀物や果実を酵母で発酵させます。すると、ビールやワインをつくるのと同じでエタノールを含んだ液体ができます。つまりお酒ができるのです。

酢をつくるときには、このお酒に**酢酸菌**を追加します。酢酸菌は、エタノールを酸化させて、酢酸をつくり出します。酢酸菌は、比較的酸性の環境を好み、活発に活動します。

酢酸菌は自然界にもたくさん存在しています。よくあるのがアルコール度数の低いお酒などを放置しておくと、酢酸菌によって分解されてしまうケースです。お酒の表面に酢酸菌の膜が形成され、せっかくのお酒も徐々に酢になってしまうのです。

酢酸菌は**好気性細菌**で、ずっと空気を与え続けた状態にすると、効率よく増殖して大量の酢酸をつくり出してくれます。

◎ ワインビネガー

度数の低いお酒を酢酸菌が分解するという話でわかるように、その代表例はワインからつくられるワインビネガー（酢として使うブドウの果汁）です。

ワインが時間とともに酢に変わっていくことは比較的古くから知られていました。薄めたワインをビンに入れて酢をつくったり、酢酸菌を付着させたフィルターにワインを滴下（てきか）して効率よく酢に変える方法などが開発されました。それをワインビネガーとして使っていたわけです。そのうち、とくに長時間熟成させたものがイタリアのバスサミコ酢です。

◎ 酢酸菌がつくり出すもうひとつの食材

酢酸菌は、セルロースという繊維（紙をつくる植物繊維）もつくることができます。たとえばナタデココは、酢酸菌がヤシの実の中にあるココナッツ水からつくり出したもので、ブドウ糖などが鎖状に長く連なっています。繊維がつくる緻密なネットワーク構造が、コリコリした食感を生み出しています。

酢酸菌のようなバクテリアがつくるセルロースは、繊維がとても細くて緻密なネットワークをつくるので強度が高く、生物分解性も高いので、音響振動板や人工血管、創傷被覆材、UV カット材など様々な素材に使われています。酢酸菌は、デザートから先端材料までつくっているのです。

28 カツオ節が醸し出す味と香りは微生物のおかげ？

> 1本のカツオ節をつくるには、数か月もの時間が必要です。もっとも大事なのがカビ付けといわれる工程で、これを何度もくり返すことで旨味と香り豊かな本枯節ができあがります。

◎ カツオ節ができるまで

カツオ節は以下の複雑な工程でつくられます。カツオ節の「節」は、魚の肉を煮たあと、焙乾（加熱・乾燥）したものを意味します。日本では古くから、獲れた魚を節にして保存してきました。

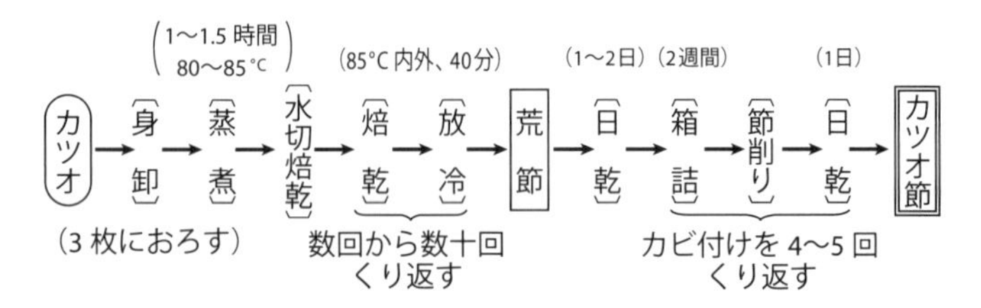

カツオ節の製造工程　出典：村尾澤夫ら『くらしと微生物 改訂版』p.59, 培風館（1991年）

◎ カツオ節カビのすごい仕事ぶり

工程でもっとも大切なのがカビ付けです。カビ付けを行った節を「枯節」、カビ付けを4回行って水分が18%以下になったものを「本枯節」といいます。使われるカビ（カツオ節カビ）は**コウジカビ**のなかまで、次のような大切な仕事をしています。

▼ 1. 水分を少しずつ除く

カツオ節が長期間保存できるのは、乾燥しているからです。焙乾で水分は20～22％まで下がりますが、このままでは腐ってしまって長期保存はできません。カビ付けの際、表面のカビは生育するために水分が必要なので、節の中からゆっくりと水分を引き出していき、長期保存が可能になります。

▼ 2. 余分の脂を除く

カツオ節でとった“だし”には、脂は浮かんでいません。カツオの身には大量の脂（脂質（ししつ））がありますが、カツオ節カビはリパーゼという酵素を産生して、脂質を脂肪酸に分解してしまいます。脂肪酸はカビが育つのに利用されています。

▼ 3. 脂質の酸化を防ぐ

カツオ節には高度不飽和脂肪酸がたくさん含まれていて、なかでもドコサヘキサエン酸（DHA）は全脂質のうち25％以上を占めます。ところがカビ付けしたあとのカツオ節は、長期保存しても酸化で品質劣化が起こったりしません。カツオ節カビが脂質を分解する際に、抗酸化物質をつくっているからです。

▼ 4. 特有の香りをつける

カツオ節のだしを使った料理がおいしいのは、旨味に加えて、複雑で奥深い香りがあるからです。削ったばかりのカツオ節はすばらしい香りがしますが、その成分は400種類以上もあるといわれています。カツオそのものの香り、煮る工程のメイラード反応[*1]でできる香り、焙乾の際の燻蒸香（くんじょうこう）に加えて、カビ付けによってカツオ節特有の芳香ができあがります。

*1　メイラード反応とは、糖とアミノ酸を加熱したときなどに褐色の物質ができる反応のことをいい、しばしば特有の香りを持つ物質ができます。食パンを焼いたときに焦げができるのもメイラード反応によるものです。

29 ヨーグルトの酸っぱい味や粘りはなぜ生まれるの？

ヨーグルトは、乳酸菌がミルクを発酵してつくられたものです。ミルクや乳酸菌の違いによって、世界では様々なヨーグルトがつくられていて、健康への影響も研究されています。

◎ 乳酸菌ってどんな微生物？

乳酸菌は、**自分が生きていくためのエネルギーを炭水化物の発酵によって得て、その際に乳酸を生成する細菌**のことをいいます。乳酸を生成する細菌はたくさん知られていますが、消費した炭水化物から50％以上の割合で乳酸をつくる細菌を乳酸菌といい、桿(かん)菌や双球菌、連鎖状球菌など様々な種類の乳酸菌がいます（細菌の形態による分類は195ページ参照）。

乳酸菌はヨーグルトのほか、発酵バター、チーズ（熟成タイプ）、馴(な)れずし、漬物、味噌、醤油など、様々な食品をつくっています。こうした乳酸菌のはたらきを**発酵**といいます。しかし、日本酒の醸造の際に乳酸菌が増殖すると、「火落ち」という重大な品質劣化をもたらし、この場合は**腐敗**になってしまいます。

◎ ヨーグルトはどうやってつくる？

ヨーグルトをつくるには、加熱殺菌したミルク（日本では牛乳ですが、世界各地では山羊乳、羊乳、馬乳なども使われます）に、培養した乳酸菌を加えて適温で発酵を行います。乳酸菌が増殖するとさわやかな酸っぱい味が生まれ、酸によって乳タンパク質が凝固してプリン状になってきます。ヨーグルトの独特な香りは、ラクトバチルス・ブルガリカスという乳酸菌がつくったアセトアルデヒドによるものです。発酵にともなって酸性が強くなっていくと、食中毒菌などの有害微生物が生育できなくなり、ヨーグルトの安全性や保存性が高まります。

日本人には牛乳に含まれる乳糖を分解できなくて、お腹の調子が悪くなる**乳糖不耐症**の人が多くいますが、発酵することで乳糖が分解するため、乳糖不耐症の人でもヨーグルトは大丈夫です。

◎ カスピ海ヨーグルトの「粘り」はどうやって生まれる？

「カスピ海ヨーグルト」は、カスピ海や黒海に近いコーカサス地方から持ち帰った菌からつくられています。

普通、乳酸菌が活発に活動するためには、40℃程度の温度が必要です。ところがカスピ海ヨーグルトをつくり出す乳酸菌は、それよりもずっと低温（20～30℃）で簡単に増えます。

また、カスピ海ヨーグルトに特徴的な「粘り」は、ラクトコッカス・クレモリスという菌が生み出します。この菌は単糖類がたくさん結びついてできた多糖類（細胞外高分子物質と呼びます）を生み出し、ゼラチンのようなドロドロとした食感になるのです。

30 発酵バターはバターを発酵させているわけではない？

スーパーでバターの売り場を見ると、普通のバターのほかにも、無塩バターや発酵バターがあります。これらの違いはどこにあるのでしょうか。

◎ そもそもバターって何？

バターの原料は牛乳です。牛乳には乳脂肪分が含まれています。普通に売られている牛乳は、飲み心地を安定させるために、乳脂肪分を細かく砕くホモジナイズという作業をしてから売られています。細かい粒にされた乳脂肪分は、お互いにくっつき合うことなくいつまでも牛乳の中で浮遊することになります。

一方バターの原料乳は、脂肪の粒を細かく砕く処理を行わない（ホモジナイズしていない）牛乳です。その中にはいろいろなサイズの乳脂肪の粒が含まれています。バターをつくるときにはよく冷やした牛乳を振り続けます。すると、乳脂肪分の粒子同士が合体して大きな粒になり、やがて脂肪分の大きな塊になります。これがバターです。

このようにしてできた脂肪の塊に食塩を追加したものが普通に売られているバター、食塩を入れなければ無塩バターになります。

◎ 発酵バター

高級バターとして発酵バターが売られています。発酵バターはどのようにつくられているのでしょうか。

大昔のバターが発見されて話題になったことがあります。実は、バターはヨーロッパでかなり昔から使われてきました。

冷蔵庫がない時代は、牛乳を安定して保管する方法がありませんでした。牛乳は時間がたつと乳酸菌によって発酵してしまいます。その**発酵した牛乳を原料にしてつくられたのが「発酵バター」**なのです。ですから、普通のバターを発酵させてつくっているわけではありません[*1]。

バターを利用してきた歴史が長い欧米では、いまでも発酵バターが主流です。普通のバターと違って、発酵によってつくり出された様々な物質によって独特の風味が加わり、最近では日本でも人気が上昇しています。

◎ 自分でも発酵バターはつくれる

生クリームやノンホモ（ホモジナイズしていない牛乳）を冷たくして振り続けると、乳脂肪分が固まってバターをつくることができます。自分でつくるにはまず、牛乳に乳酸菌を入れ、短時間（長くても８時間程度）発酵させ、サワークリームと呼ばれる状態にします。これを、原料にして、バターづくりのようによく振ると発酵バターができあがります。

このように、バターは牛乳の脂肪分を濃縮してつくられます。脂肪のほかに、不足しがちな**ビタミンＡが牛乳の１０倍以上**含まれているといわれています。

*1　バターは主に脂肪ですから、そもそも発酵することはありません。

31 様々な種類のチーズは何が違うの？

主に牛乳からできるチーズが、微生物のはたらきによってつくり出されているのは有名な話です。しかしその種類はとても多く、世界で1000種類以上はあるともいわれています。

◎ 動物の内臓がチーズをつくった？

鮮度が重要な動物の乳を、加工食品としてチーズに変えたのは、先史時代にまでさかのぼるといわれています。動物たちを家畜にする以前の話である可能性が高いのです。動物の内臓を「袋」として活用しているうちに、偶然チーズができることを発見したというのが定説です。

では動物の内臓には何があるのでしょうか。実はウシやヤギが子どものときには、母乳を消化するための**酵素**を分泌します。それを**レンネット**といいます。それが残っていた内臓にミルクを入れて運ぶうちにチーズができたのではないかと考えられています。

今でも高級なチーズをつくり出すために子牛が出すレンネットを利用することがありますが、多くは代用品です。それは「微生物レンネット」と呼ばれ、カビからつくられるのです。レンネットによってミルクの中のカゼインというタンパク質が凝集してチーズのもとになります。

◎ フレッシュチーズ

モッツァレラチーズなどの**フレッシュチーズ**は、ミルクの中のカゼインというタンパク質が固まったものです。

ミルクの中には、タンパク質のほかにも様々な物質が含まれています。乳タンパクはレンネットや酢、レモン汁などで固めることができます。温めたミルクにこれらの物質を入れるとタンパク質が凝集して、「カード」というものになり、ホエーと呼ばれる液体部分にカードが漂います。カードと呼ばれる部分を固めたものがフレッシュチーズです。

◎ 白カビチーズ

カマンベールチーズなどで有名なのが表面にカビの生えたチーズです。このチーズのカビに使われるのは、アオカビのなかまです。カビがつくる酵素がタンパク質を分解して、内側へ向かって熟成させます。カビが生きている状態の**白カビチーズ**には、食べ頃の表示がありますから注意して見るようにしましょう。白カビチーズでも、缶などに密封されているものは、カビが死んでしまっていますから、発酵が進むことはありません。

◎ ブルーチーズ

ゴルゴンゾーラなどで有名な青カビチーズにもアオカビが使われています。アオカビをチーズ全体に植えつけて熟成させます。カビの成長には空気が必要ですから、カードを押し固めたりせず、空気をたくさん含んだ状態にしているのが特徴です。

◎ プロセスチーズ

今まで説明してきた代表的なチーズのほかにも様々なチーズがありますが、一般的に流通している多くのチーズがプロセスチーズです。

プロセスチーズは、いろいろな種類のナチュラルチーズを混合し、加熱して融かし、その後冷却させたものです。カビや細菌類が死んでしまうため、熟成は止まっていて、長期間の保存に向いています。

これに対して、発酵によってつくられ、そのままだとどんどん発酵が進む「生きているチーズ」を**ナチュラルチーズ**と呼びます。

ところで、チーズ100グラムをつくるのに必要な牛乳は1000グラムといわれています。つまり、牛乳の有効成分がそれだけ凝縮されていることになります。

反面、塩分濃度の高いチーズもありますので、塩分を気にする人は塩分が少なめなクリームチーズなどのフレッシュチーズを利用するのがよいでしょう。

うまい！

32 漬物は野菜を保管する知恵だった？

おいしくて彩りも豊かな漬物があるとご飯が進みますよね。この漬物のおいしさにも微生物がかかわっているものが多くあります。微生物と漬物の関係を見ていきましょう。

◎ 腐敗を防ぐ知恵

漬物は、キュウリ・ナス・野沢菜・カブなどの野菜類や魚介類などと、食塩・酒粕（さけかす）・酢・米糠（こめぬか）などを一緒に漬け込み、一定の期間おいたあとに取り出して食べる食品です。

日本各地に、その土地を代表する漬物が数多くあります。赤カブ漬け、奈良漬け、千枚漬け、野沢菜漬け、柴漬け、沢庵（たくあん）漬け、壺漬け、福神漬けといったものが代表的な漬物です。

漬物は、漬けて、味がしみたらすぐに食べるタイプのものと、１か月から半年程度熟成してから食べるタイプのものとがあります。すぐに食べるタイプのものは発酵をともなわない一方、熟成させるものは発酵をともなうものが多く、**微生物が出す酸のはたらきで野菜の腐敗を防いでいます**。

野沢菜漬けの方法を例に、漬物のつくり方を見てみましょう。野沢菜漬けは、秋の終わり頃、新鮮な野沢菜を樽（たる）に漬け込みます。野沢菜と大量の食塩を交互に積み重ね、最後に上から重しをします。１～２日たつと、浸透圧により野沢菜から水がしみ出してきます。漬けてすぐの野沢菜は鮮やかな緑色をしていて味もシンプルですが、3か月くらいたつと黄みがかった色に変化し、酸味や旨味が加わって複雑な味になってきます。漬けられた野沢菜は、およそ半年間ほど食べ続けることができます。漬けていなければ腐るかしなびてしまって、多くは食品としては使えない状態になりますが、漬けることで腐敗を防ぐことができるのです。

◎ 珍しい漬物

漬物の中には、塩をまったく使わないものもあります。長野県の木曽地方に伝わる「すんき漬け」という漬物です。

すんき漬けは、アブラナ科の葉を樽の中に漬けますが、その際に乾燥したすんき漬けを一緒に漬け込みます。一種のスターターとしてはたらき、漬物の酸性度を上げ、雑菌の繁殖をおさえて乳酸菌の繁殖を助けていると考えられています。

◎ 漬物の味をつくる微生物

発酵をともなうタイプの漬物は、どんな微生物がかかわっているのでしょうか。

糠(ぬか)漬けなどでよくはたらいているのが乳酸菌です。乳酸菌にも様々な種類がありますが、漬物の場合、**植物の成分を主に分解するタイプの乳酸菌**です。

漬物を仕込んだあとは、しばらくいろいろな細菌が繁殖します。乳酸菌の中でも乳酸球菌と呼ばれる種類の細菌が一緒に増えますが、時間の経過とともに漬物の酸性度が上がり、多かった雑菌は減少していきます。その代わりに乳酸桿菌という種類の乳酸菌や、酵母が増えるようになります。

乳酸菌が増えると酸味が増し、野菜そのままとは違った風味になってきます。**野菜が持っているデンプンやタンパク質も、微生物のはたらきで分解され、糖やアミノ酸ができます**。これがまた旨味のもとになっているのです。

◎ 漬物と健康

乳酸菌などのはたらきでつくられる漬物はからだによいといわれます。それは、乳酸菌がからだに入ることで腸内の細菌叢のバランスをとることができるという考え方からきていますが、実際は漬物を食べる程度ではそれほど影響しないと考えられます。

それよりも漬物を多く摂取することで、塩分のとりすぎになってしまう可能性もあります。どんな食品もバランスよく食べることが健康にもっともよいといえるでしょう。

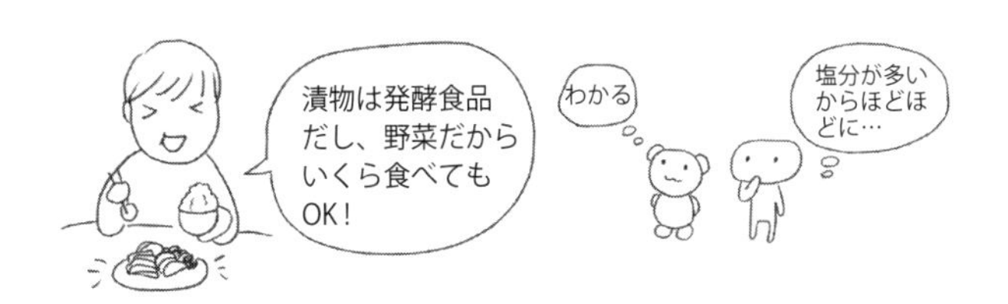

33 おいしいキムチは乳酸菌がつくっている?

代表的な韓国料理といえば辛さが特徴のキムチですね。キムチはもともと冬場の野菜不足に備えた保存食です。キムチづくりで活躍するのが乳酸菌です。

◎ 冬の保存食

キムチは朝鮮半島の冬季間の野菜不足に備えた保存食です。

キムチというと唐辛子ベースの白菜の漬物のようなイメージがありますが、白菜だけでなくキュウリを使ったオイキムチ、ダイコンを使ったカクテキなど種類も豊富です。

本場韓国には、日本ではなかなか食べることのできない様々な種類のキムチがあります。

◎ 乳酸発酵でつくられる

ここではもっとも代表的な白菜を利用したキムチのつくり方を見ていきましょう。

漬け込む前の白菜は、水で洗いはするものの、いろいろな雑菌がついています。ここで活躍するのが**乳酸菌**です。乳酸菌が活動すると乳酸が生じて、漬け汁を酸性にします。すると、他の雑菌類が繁殖しにくくなって、白菜に含まれていた物質から様々なビタミンなどをつくり出すのです。

本来、キムチは寒い季節につくられるものです。これも乳酸菌のはたらきに関係しています。しかし気温が高くなると、**酢酸菌**が活動し出し、酢酸発酵が行われます[*1]。キムチがだんだん酸っぱくなってくるのはこのためです。こうなってしまうと、乳酸菌が死んでしまい、味や栄養価が落ちてしまいます。

◎ 魚醤と塩辛を使う

キムチづくりには魚醤(ぎょしょう)や塩辛を使います。

魚醤というのは、新鮮な魚に塩を加えて発酵させたものです。魚の内臓などに含まれている酵素によって、タンパク質が分解されて、旨味成分であるグルタミン酸などのアミノ酸が生成されてドロドロになります。これを濾(こ)したものが魚醤です。日本ではハタハタからつくる「しょっつる」などが有名です。

韓国では、カタクチイワシやイカナゴを使った魚醤がよくつくられています。この魚醤などの動物性タンパク質がキムチ独特の奥深い味を生み出しているのです。もちろん漬物は家庭の味を反映している食品のひとつで、レシピによってはアミ（小さな甲殻類）を追加したり、イカを追加したりしています。この動物性タンパク質も発酵によって分解され、旨味成分に変化します。

優れた保存食というイメージの強いキムチですが、ほかの漬物と比較して、特段長期保存が効くというわけではありません。キムチ本来のおいしさを追求するのであれば、冷蔵庫で保存し、できるだけ早く食べるのが一番でしょう。

*1 気温が低いと乳酸菌が優勢になり、気温が上がると酢酸菌が優勢になります。

34 納豆の旨味と粘りはどこから生まれる？

おいしい伝統食品・納豆をつくる納豆菌は、環境が劣悪になると生き残るために芽胞（胞子）に変身します。芽胞になった納豆菌は100℃以上の高温でも生き残ることができるようになります。

◎ 土壌中の枯草菌（こそうきん）のなかま

日本の伝統的な発酵食品である糸引き納豆（以下、納豆）は、大豆を煮て稲藁苞（わらづと）に入れて保存し、不安定な自然発酵でつくられていました。そのため、ある藁苞はうまくできたが、別な藁苞は失敗といったことがよく起こっていました。1884年に納豆から桿（かん）菌（円筒形の細菌）が分離され、**納豆菌**（バチルス ナットー）と名づけられました。納豆菌は、土壌中にすんでいる**枯草菌**のなかまです。

納豆の品質は、スターター（発酵を始めるために加える微生物）を使うことで安定してきました。スターターとして市販されているのは、納豆菌の芽胞を蒸留水に溶かして分散させたものです。

◎ 芽胞は苛酷なストレスをかけてつくられる

納豆菌もそうですが、微生物は様々に変化する環境の中で生き抜いています。微生物はそのために、危機的な環境の中で自分の体を守ったり、劣悪な環境条件のもとでも生きのびるための遺伝子を持っています。芽胞をつくる遺伝子もそのひとつです。

自分のまわりに栄養源がなくなると多くの細菌は死んでしまいますが、納豆菌は変身して芽胞をつくります。芽胞はスポアコートという強固な成分に包まれていて、熱や乾燥、放射線などの物理的刺激、様々な化学薬品に強い抵抗性を持っています。

納豆菌をスターターにするには、栄養細胞（分裂をくり返している状態の細胞）にストレスをかけて、生き残るのに不都合な環境（冷蔵、乾燥）をつくります。芽胞になった納豆菌は耐熱性を持っていて、100℃以上でも生き残ることができるので、蒸した大豆が85℃以上のときに納豆菌の芽胞をふりかければ、雑菌の混入が防げます。

胞子になって休眠していた納豆菌は、蒸した大豆にかけるとたちまち発芽して栄養細胞になり、増殖と分裂をくり返して大豆を納豆に変えていきます。

◎ 酒の仕込み期間中は納豆を食べてはいけない

納豆の糸には、たくさんの納豆菌が含まれています。糸にのった納豆菌は、栄養源が不足して環境条件が悪くなると、胞子になります。酒を仕込んでいるときにこのような納豆菌の胞子がやってくると、酒の麹（こうじ）は“ヌルリ麹（スベリ麹）”といわれる汚染麹になってしまい、酒造りに甚大な被害が出ます。そのため酒を仕込んでいる酒蔵では、納豆を食べることが禁止されています。

◎ 納豆の旨味と粘りはどうやってできるの？

納豆の品質には、旨味と粘り（納豆の糸）が大きく影響しています。旨味成分には、大豆にもともと含まれているものと、納豆菌の作用でできたものがあります。プロテアーゼ（タンパク質を分解する酵素）活性が高い納豆菌を使うと、納豆に含まれるアミノ酸が増えて、旨味が増すことが知られています。

納豆の糸は、ポリグルタミン酸（アミノ酸の一種のグルタミン酸が長く連なったもの）とフラクタン（多糖類）という、2つの高分子化合物でできています。粘りが強いほど納豆の品質がよいといわれていますが、海外へ納豆を普及する際に糸が好まれないという問題もあって、糸引きが少ない納豆菌も開発されています。

◎ 空を飛ぶ納豆菌

最近、能登半島の上空3000メートルをただよう納豆菌でつくった納豆が話題になり、飛行機の機内食でも提供されています。その納豆は、味がまろやかで、においと粘りが少ないのが特徴だそうです。

この納豆菌を発見したのは、中国大陸から日本に飛んでくる黄砂を研究しているグループで、黄砂が微生物の乗り物になっているのではないかと考えました。高度数千メートルで空気を採集したところ、その中に生きた納豆菌が含まれていて、煮込んだ大豆に混ぜて発酵させたら見事に納豆になりました。この研究グループは、太古の日本でも黄砂に運ばれた微生物が食品の発酵に利用されて、発酵食品の歴史にかかわったかもしれないと述べています。

うまい

35 日本人が発見した「旨味」って何？

世界で認められた第5の味である「旨味（うまみ）」は、日本人によって発見されました。その旨味のもとになるグルタミン酸などは、微生物によって生産されて調味料などに使われています。

◎ 旨味とグルタミン酸の発見

20世紀の初め頃は、味には**甘味・酸味・塩味・苦み**の４つの基本味があると考えられていました。しかし、池田菊苗（きくなえ）（戦前日本の化学者、旧東京帝国大学教授）はこれら４つとは別の基本味があると考えて、その味が昆布のだし汁で強く感じられることを突き止めました。彼は1908年、昆布からこの味のもとになる成分の**グルタミン酸**を発見し、その独特の味を**旨味**と名づけました。その後、旨味は５つめの基本味に仲間入りします。

グルタミン酸は1866年に小麦のグルテンから発見されていましたが、その味についてドイツの著名な化学者であるフィッシャーは､「まずい」と表現していました。池田がグルタミン酸に「旨味」があることを発見できたのは、日本人が昆布を“だし”として使う文化を持っていたこと、だしの文化が育まれた京都で彼が生まれ育ったことが関係しているのかもしれません。

◎第二・第三の旨味物質、旨味の相乗効果の発見

グルタミン酸の発見から５年後の1913年、小玉新太郎（旧東京

帝大教授）がカツオ節から第二の旨味物質である**イノシン酸**を発見しました[*1]。さらに1957年には、國中 明（ヤマサ醤油）が干し椎茸から第三の旨味物質である**グアニル酸**を発見しました。グルタミン酸はアミノ酸ですが、イノシン酸とグアニル酸は核酸という違いがあります。

國中は1960年、グルタミン酸に少量のイノシン酸やグアニル酸を加えると、旨味が著しく強くなることを発見し、この現象を**旨味の相乗効果**と名づけました。昆布だしにカツオ節または干し椎茸を加えて煮出した“あわせだし”は、昆布だし単独やカツオだし単独よりはるかに旨味が強いことが知られています。

◎旨味は何のためにあるの？

体重が50 kgの人の体内には、約1kgのグルタミン酸が含まれています。体重の2％だから、すごい量ですね。この約1kgのグルタミン酸のうち、約10 gが遊離型（他の物質に結合していない）、約990 gが結合型（タンパク質やペプチドに組み込まれている）です。

私たちが成長したり、からだを維持していくためには、食物からタンパク質を得ることが不可欠です。グルタミン酸の旨味が感じられるということは、**そこにタンパク質があるという目印になっていた**のです。イノシン酸やグアニル酸も、そこにタンパク質を含む細胞があることを知る目印になります。

◎微生物によるグルタミン酸の生産

グルタミン酸は1909年に旨味調味料として商品化[*2]されたの

*1　イノシン酸そのものには味がなく、アミノ酸の一種のヒスチジンと結合して、イノシン酸ヒスチジン塩（えん）になるとカツオ節の旨味になります。

ですが、小麦などのタンパク質を塩酸で加水分解して得ていました。しかし、第二次大戦後の食料難の中で、貴重な食料を原料とすることへの批判と、わずかなグルタミン酸でも料理を劇的においしくして栄養状態の改善につながるという期待があって、微生物を利用してグルタミン酸を生産する研究が始まりました。

最初は、生物にとって重要なグルタミン酸を過剰に合成して、それを細胞の外に排出するという常識はずれの微生物が本当にいるのかと、疑問視する声もありました。ところが、そういった微生物を見つける巧妙なやり方と最新の分析技術によって、各地から採取された約500のサンプルの中から、抜群に高いグルタミン酸生産性を持つ菌がついに見つかったのです。その菌は上野動物園で、鳥の糞が混ざった土から得られました。その未知の菌はコリネバクテリウム・グルタミクムと名づけられ、たしかにグルタミン酸を生産し、それに旨味もあることが確認されました。こうして1956年、**世界で初めてのアミノ酸発酵**が誕生したのです。

◎「こうなったらいいな」ということは微生物に頼む

次に、イノシン酸とグアニル酸という、核酸系の旨味物質を生産してくれる微生物探しが始まりました。そしてこれらもまた日本人が発見したのです。それは、ペニシリウム属の青かびでした。彼らの背中を押したのは、「こうなったらいいな、ということはまず微生物に頼むのが常道だ」と説いた先輩の言葉でした。

こうして**世界で初めての核酸発酵**も、日本で誕生しました。

*2　これが「味の素」です。当初はグルタミン酸塩（グルタミン酸モノナトリウム、MSG）だけでしたが、戦後に「うま味の相乗効果」が見つかったのをふまえて、現在ではMSGと2.5％の5'-リボヌクレオチドナトリウム（イノシン酸とグアニル酸の混合物、5'-SRN）を含んでいます。5'-SRNを8％に高めて、少量で旨味を効かせることができる旨味調味料（ハイミー）もあります。

第４章
「分解者」
としての微生物

36 堆肥づくりに微生物はどう関係している？

堆肥とは、家畜の糞や藁（わら）・もみ殻などの有機物を堆積し、微生物の力で発酵させてつくるものです。堆肥がつくられる際の微生物のはたらきを見てみましょう。

◎ 微生物の役割と発熱

堆肥のもとになる有機物には、炭水化物、脂肪、タンパク質といった成分が含まれています。これらを微生物によって分解するのが**堆肥化**です。

生ゴミや水分が多い家畜の糞尿の堆肥化では、モミガラやオガクズなどと混ぜて、全体の水分濃度を60％ほどに下げておきます。

堆肥化のプロセスは大きく分けて二段階に分けられます。

第一段階では、炭水化物などの有機物が分解され、それがエネルギー源として利用され、微生物が急激に増殖します。これによって熱が発生し、50～80℃に達します。微生物１個の発熱は微々たるものですが、莫大な数の微生物が熱を出すと結構な熱量になるのです。昔はこのときの熱を利用して、土をかぶせたところに作物の種をまきました。発熱を利用して種の発芽を促進したのです。それで、発熱したところを**温床**（おんしょう）と呼びました[*1]。

このときの熱の発生で水分が蒸発し、水分濃度は40％ほどに下がります。

*1 今では「悪の温床」など悪いイメージで使われますが、もともとは堆肥化のときに出る熱を利用した苗床（なえどこ）のことでした。

活躍する微生物は、主に高温状態で生息・増殖可能な**好熱性細菌**です。この細菌は**60℃くらいで活発にはたらき、病原菌の多くや寄生虫卵、雑草の種などはこの温度では死滅**します。これで安全な堆肥になるのです。堆肥化が不十分だと家畜の糞尿にあった寄生虫卵が死滅しないで作物に付き、人の体内に取り込まれることになります。

続いて第二段階では、第一段階では分解されず、分解に時間がかかる有機物（タンパク質、脂肪、セルロース、リグニンなど）が30～40℃でゆっくりと分解されます。この第二段階は**堆肥の熟成期間**とも呼ばれ、硝酸菌、亜硝酸菌、セルロース分解菌、真菌、放散菌など、第一段階よりも多種多様な微生物が増殖しています。これらの微生物によって、より良質で均質な堆肥がつくられます。

◎ 堆肥をつくるとき、使うときの注意点

良好な堆肥をつくるためには、堆肥のもとになる原料、水分、空気、微生物、温度、堆肥化期間といった条件を整えることが必要です。**とくに水分量は重要で、少なすぎると微生物の増殖が抑制されるため堆肥化が思うように進まず、多すぎると空気が不足して嫌気性菌が増殖し、悪臭が発生するもととなります。**

水分量は55～70％程度がよいとされています。生ゴミを原料として使う場合は、水分量がそのままでは多すぎるため、水切りしたり乾燥させたり、オガクズや干草を混ぜるなどして、60％程度まで下げる必要があるとされています。

使うときにも注意が必要です。堆肥化前のもの、または堆肥化が不十分なものを使うと、悪臭が発生するだけでなく、土壌微生物が急速に繁殖し、有害菌の増殖を招くことになるからです。微生物が急速に繁殖することで熱も発生し、土壌中の酸素や窒素が使われてしまうため、作物の生育が阻害されてしまいます。また、雑草の種子や寄生虫の卵が死滅していないため、雑草が生えてしまったり、寄生虫が作物に付いてしまったりといったことが起きます。こうした問題をなくすためにも、きちんと堆肥化を行うことが重要となります。

堆肥のつくり方

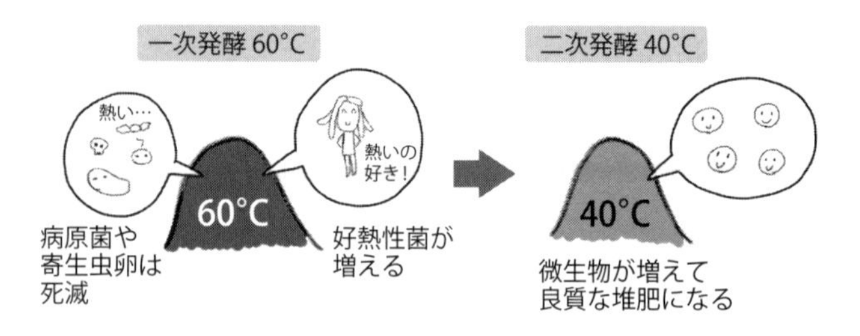

◎ **他から特定の微生物は加えない！**

生ゴミの堆肥化に効くという特定銘柄の有用微生物群*1を勧められることがありますが、特定の銘柄の微生物資材でしか堆肥ができないわけではありません。手順通りにやれば自然に堆肥化が行われます。自然界には堆肥化を活発に行う多種多様な微生物

*1　たとえば、商品名EM1号。専門家が調べると肝心の光合成細菌が検出されないなど組成や有効性に疑問が持たれている。

がちゃんと存在しています。堆肥化するときには、本当にその微生物資材が必要なのか、他のものでは駄目なのかを考えてみましょう。

◎ 堆肥の役割

堆肥の役割は、大きく分けて２つあります。

１つめは、**廃棄物処理**としての側面です。家畜の糞や食べ残し、食品廃棄物、わらやもみ殻といった農業廃棄物は、そのままではゴミでしかありませんが、これを堆肥化することにより、ゴミの量を減らすだけでなく、農業用資材、土壌改良資材としてリサイクルすることができます。

２つめは**農業用資材**としての役割です。堆肥を土に入れることにより、通気性、透水性、養分の保持性といった地力（土地の力）が向上します。さらに堆肥は優秀な有機肥料としてはたらくからです。

このように、堆肥はいろいろな意味で私たちの生活を支えていることになります。

現代社会において、ゴミの減量は非常に大きな問題です。そのまま排出すると環境に大きな負荷をかけてしまう生ゴミも、堆肥化することによりゴミを減量するだけでなく、微生物の力で非常に有用な肥料に生まれ変わります。

ぜひ身の回りから出た生ゴミの堆肥化にチャレンジして、循環型社会への一歩を踏み出してみてはいかがでしょうか。

37 下水処理に微生物はどう関係している?

家庭から出た排水はどこへ行くのでしょうか。地域によって違いますが、下水処理場へ行く場合と家庭の浄化槽で処理される場合とがあり、いずれも微生物が重要なはたらきをしています。

◎ トイレの水はどこに行く?

トイレのし尿(うんちやおしっこ)は、水を除くとほとんどが有機物です。し尿の処理の仕方は、地域によって違っています。

下水道が普及している地域は、下水管に流されます。下水管は下水処理場につながっていて、集められた下水は、**下水処理場**で処理されてから川や湖や海に流されます。これらの下水道に対して、私たちが飲む水道は、上水道といいます。

一方で、下水道が普及していない地域がたくさんあります。都道府県別下水道普及率は2017年3月末で全国平均78.3%ですが、徳島県の17.8%から東京都の99.5%まで、地域間格差が大きいです。

定期的にバキュームカーでくみ取りに来るところでは、くみ取られたし尿は、**し尿処理場**に運ばれて処理されます。し尿処理場の処理のしくみは、基本的に下水処理場と同じです。

下水道が普及していなくて「くみ取りではない」地域では、**浄化槽**で処理しています。

浄化槽で処理された水は、道路の端にある排水溝などを通って川や湖や海に流れていきます。そして、川に流れるし尿処理水や下水処理水は、また水道の原水になったりしています。

◎ 微生物を使った下水処理のしくみ

日本の下水処理場では、ほとんどが**活性汚泥法**（おでい）という微生物を使った分解処理法をとっています[*1]。

まず最初に、沈殿池で下水中の固形物を取り除き、次に下水を反応槽に導きます。ここには活性汚泥が活躍しています。**活性汚泥は、細菌や原生動物などの微生物が集まってぼたん雪のようになったやわらかいかたまり**です。活性汚泥は肉眼では泥にしか見えないのですが、顕微鏡で見ると小さな生き物をたくさん見ることができます。これらの活性汚泥の細菌は、酸素があると活発に呼吸をする**好気性菌**です。そのため、送りこんでやると酸素を使って有機物を分解してくれます。私たちが細胞で栄養分（有機物）と酸素からエネルギーを取り出し、二酸化炭素と水にしているのと同じように、**微生物は有機物と酸素から生活するためのエネルギーを取り出し、二酸化炭素と水にしている**のです。

そこで処理した水は最終沈殿池に送り、上澄みを殺菌して川や海に放流しています。

*1　「汚泥」は下水処理場の処理過程などで生じた泥のことで、有機質の最終生成物が凝集してできた固体です。

下水処理のしくみ

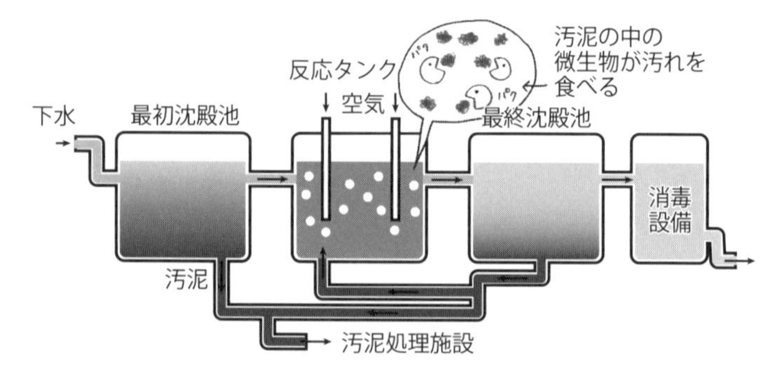

◎ 下水道がない場合、個別に設置する浄化槽

浄化槽にはし尿だけを処理する**単独浄化槽**と台所や風呂の水もし尿もまとめて処理する**合併浄化槽**とがあります。

浄化槽の処理のしくみも、基本的に下水処理場と同じです。ただ単独浄化槽は処理する力がずっと落ちます。合併浄化槽のほうがいろいろな水が混ざっているので細菌がすみよい環境になっていて、単独浄化槽より有機物を分解するはたらきが強いのです。また、台所からの水には有機物がたくさん含まれていますが、単独浄化槽ではそれを処理しません。そのため汚れた水をきれいにするには、合併浄化槽のほうがよいのです[2]。

*2　小型合併処理浄化槽は、家庭の「ミニ下水道」として、便所の水洗化ができると同時に、生活排水を浄化することができます。

38 水道水をつくるのに微生物はどう関係している?

下水処理に微生物が利用されていることは広く知られていますが、実は水道水をつくる「緩速ろ過」という浄水処理でも微生物が使われています。その歴史や利点を紹介します。

◎ 緩速ろ過と微生物

私たちが飲んでいる水道水は、水源の種類や水量、水質に合わせて様々な処理が行われています。水質のよい地下水であれば塩素消毒のみで済みますが、これは小規模な浄水場でわずかに行われているに過ぎません。

浄水処理の中で、古くから使われている方法に**緩速ろ過**という方法があります。ろ過には砂、砂利、玉石などを敷きつめた池を利用し、非常にゆっくり水をろ過します。池の底（砂の層の上面）にはフィルム状に微生物が繁殖し、そこで溶解している成分や重金属などが取り除かれます。

この方法は 100 年以上の歴史があり、もともとはチフスやコレラなどの感染症を防ぐためにヨーロッパから持ち込まれた方法だといわれています。費用もかからず優秀で、現在でも簡易水道などでの利用がされています[*1]。ただし、緩速ろ過のスピードは 1 日に 4 ～ 5 メートルで、急速ろ過の 30 分の 1 程度と遅く、処理できる水量に限界があること、水質の変化が少ない良質の水でな

*1 日本最大の処理能力を持つ緩速ろ過池は東京都武蔵野市にある境(さかい)浄水場で、1 日に 31 万 5000 立方メートルの水を処理する能力があります。

ければ処理が向かないことなどの問題があり、現在日本では5%未満しか利用されていません。

緩速ろ過池には魚や昆虫などの様々な生き物が生息していることがあり、生命の力を利用していることを実感させてくれます。

なお、緩速ろ過は古い技術ではありますが、電力インフラなどが整っていない地域でも利用しやすい浄水技術として、発展途上国への技術提供などが行われています。

◎ 急速ろ過と高度浄水処理

もっとも広く使用されている浄水処理は**急速ろ過**で、薬剤を使って濁りを凝集・沈殿させ、その上澄みを砂や砂利の層で急速（1日に120～150メートル）にろ過するものです。この方法だと大量に水を処理できますが、水中に溶け込んでいる物質の除去は難しく、水道の水がまずい、カビ臭いなどといわれる原因となってきました。

水の中には様々な有機物などが溶け込んでおり、とくに夏季には従来の急速ろ過では十分に処理できないことがあります。それらの物質はにおいのもとになったり、塩素と反応して発がん物質のトリハロメタンになったりするのです。

そうしたなか、最近では**高度浄水処理**という方法で、水がまずい、カビ臭いといった問題が解決されてきました。高度浄水処理でも、微生物が水中に溶け込んでいる物質を取り除く作用を利用しています。

まず、通常の急速ろ過を行う前の水にオゾンを注入します。オゾンは酸素原子が３つ結びついた酸素の同素体です。強い腐食性を持つ有毒物質で、その強力な酸化力が脱臭や除菌に利用されています。オゾンによって有機物質が分解され、分解された物質が水中に残ります。次にこの水を、生物活性炭吸着池と呼ばれる施設に流します。ここでは活性炭の粒に微生物がすんでいて、活性炭そのものの吸着作用と微生物のはたらきで、オゾンが分解した有機物やアンモニアを取り除きます。

高度浄水処理を行った水はトリハロメタンやカビ臭をおさえることができ、溶解している物質が少ないのでカルキ臭もおさえられます[*2]。

かつては、江戸川から取水していた金町（かなまち）浄水場（東京都）などの水道水は、取水している江戸川の水質悪化のためにカビ臭さやカルキ臭があり、あまり評判がよくありませんでした。現在の金町浄水場、三郷（みさと）浄水場（東京都）、新三郷浄水場（埼玉県）などはいずれも高度浄水処理が行われており、**市販のボトルウォーターに匹敵するおいしさ**になっているといわれています。

このように最新の浄水技術も、もっとも古い浄水技術と同じように微生物に支えられているのです。

*2　カルキ臭は塩素そのものの臭いではなく、水中に溶けているアンモニアなどの成分が塩素と結びつくことで生じるにおいです

39 遺伝子組換えに微生物はどう関係している？

遺伝子組換え技術によって植物の品種改良や、医薬品の生産などが行われるようになってきました。そこで使われているのが、大腸菌や酵母などの微生物たちです。

◎ 遺伝子を発現するしくみは微生物と同じ

遺伝子組換え技術の進歩により、巨大な分子であるDNA（デオキシリボ核酸）を自由に切ったりつないだり、生き物の細胞に戻したりすることが可能になりました。

この技術をつかうと、ヒトのホルモンを大腸菌につくらせることもできます。なぜ､そんなことができるのでしょうか。それは、遺伝子を発現するしくみが、大腸菌（微生物）やヒト（動物）といった生き物の違いを超えて、基本的に同じだからです[*1]。

◎ 遺伝子組換えのやり方

植物の品種改良は「かけ合わせ」によって行われてきました。

「①味が良いトマト」と「②乾燥に強いトマト」をかけ合わせて「③味が良くて乾燥に強いトマト」をつくる場合を考えてみましょう（右図参照）。①と②を交配すると、③だけでなく「味が悪くて乾燥に弱いトマト」など様々な雑種ができます。その中から目的とする③を選抜するには､困難な作業と長い時間が必要です。

*1　このことについてモノー（フランスの生物学者）は、「大腸菌でそうであることは象でもそうである」という有名なことばを残しました。

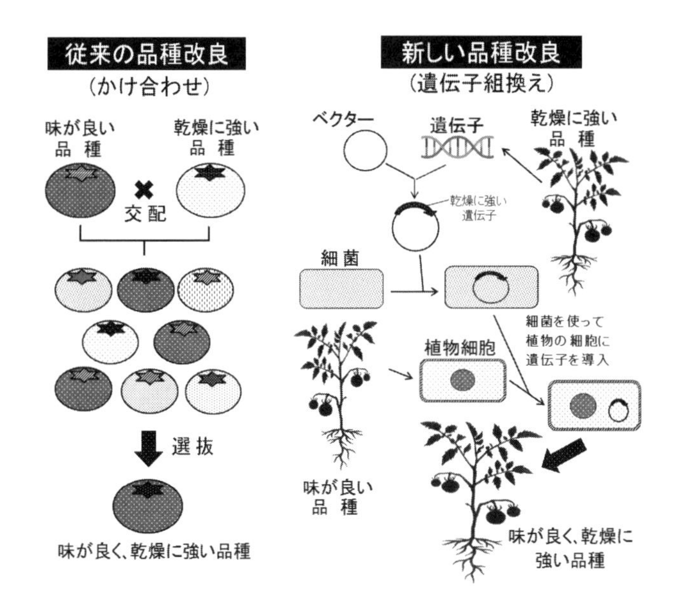

遺伝子組換えで品種改良を行うには、まず有用な形質（たとえば「乾燥に強い」）を担っている遺伝子を、トマトの細胞から**制限酵素**という「はさみ」で切り出します。この遺伝子を**ベクター**というDNAの「運び屋」に、**リガーゼ**という「のり」でつなげます。ベクターには抗生物質の遺伝子も連結してあります。

「乾燥に強い」遺伝子をつなげたベクターは、植物に感染する細菌（アグロバクテリウム）に入れたあと「味が良い」トマトの細胞に導入されます。目的の遺伝子が導入されたかどうかは、抗生物質への耐性でわかります。選抜した細胞を組織培養して、「味が良くて乾燥にも強い」という性質を持った新しい品種ができます。

◎ 遺伝子組換えを使った医薬品の生産

遺伝子組換えは、病気を治す薬やワクチンなどの医薬品の生産にも利用されています。**インスリン**や**ワクチン**がそうです。

糖尿病は、膵臓（すい）から分泌されるインスリンというホルモンの欠乏で起こり、インスリンを注射して治療します。かつてはウシやブタの膵臓から取り出したインスリンが使われていましたが、工程が複雑で費用がかかるのに、ヒトのインスリンほど効果はありませんでした。ヒトの遺伝子を大腸菌に組み込んでヒトインスリンが生産されるようになり、こうした問題は解決しました。

慢性肝疾患や肝がんの原因となるＢ型肝炎は、ワクチンで感染を防止できます（213ページ参照）。Ｂ型肝炎ウイルスの遺伝子を酵母に入れてワクチンをつくり、それを赤ちゃんに接種して大きな効果があがっていて、将来は肝がんが激減すると考えられています。

◎ 遺伝子組換え食品の安全性

遺伝子組換えの初期には、植物に害虫抵抗性などの性質を与える組換えが行われました。害虫抵抗性は昆虫の病原菌から取り出した毒素の遺伝子に由来し、昆虫が食べると消化管に損傷を与えるタンパク質をつくります。ところが、ヒトなどの哺乳類がこれを食べても、消化管でアミノ酸に分解してしまい害はありません。

遺伝子組換え食品は安全性審査が行われていて、終了していない食品は日本では流通が禁止されています。**食品として流通しているものは、通常の食品と同等の安全性が確認されたもの**です。

40 微生物が分解できるプラスチックって何？

プラスチックのゴミが大問題になっています。プラスチックは便利な反面、腐らないことから様々な弊害を生んでいます。そこで注目されているのが「生分解性プラスチック」です。

◎ 材料の世界に君臨するプラスチック

プラスチックが本格的に製造・活用されるようになったのは戦後のことです。それまでは自然界の中でつくられた木材や岩石、金属などが、使用される材料の中心でした。

プラスチックは、軽い、さびない、腐らない、自由な形に成形できる、外力に対して丈夫、経年変化も少ない、しかも安価である、という特徴を持っています。

しかし、腐らない（つまり微生物によって分解されない）ために、まったく手に負えない物質と化したのです。木材なら微生物で分解されるのに、**プラスチックは細かくはなっても、その多くは分解されず、自然界にいつまでも存在することになります**。そして、プラスチックのゴミが海に流れ込み、海洋生物に大打撃を与えています。

◎ 生分解性プラスチックとは？

近年こうした背景から、**微生物によって分解される「生分解性（せいぶんかいせい）プラスチック」**の研究開発が盛んに行われています[*1]。

*1　物質が微生物によって分解される性質のことを「生分解性」といいます。

その代表が**ポリ乳酸**を使ったものです。ペットボトルの材料のポリエチレンテレフタラート（PET）と同じポリエステルのなかまです。ポリ乳酸の原料は、家畜飼料用のトウモロコシなどから得られたデンプンです。デンプンを酵素でブドウ糖に分解し、それを乳酸菌で発酵させて乳酸をつくり、その乳酸をたくさんつなげるとポリ乳酸になります。ちなみに、A4サイズのポリ乳酸シートはトウモロコシ10粒からつくることができます。

ポリ乳酸は、ゴミ袋や農業資材などの生分解性が必要になる用途から、携帯電話やパソコンの筐体（きょうたい）（本体の部品を収納する外箱）といった耐久性を必要とする用途まで、様々な製品が販売されています。身近なところでは「窓つき封筒」の窓のところにポリ乳酸を使用した例がみられます。

生分解性プラスチックは、微生物のはたらきで、最終的に**二酸化炭素と水に分解**されます。ポリ乳酸のほかには、ポリカプロラクトン[*2]やポリビニルアルコール[*3]などがあります。

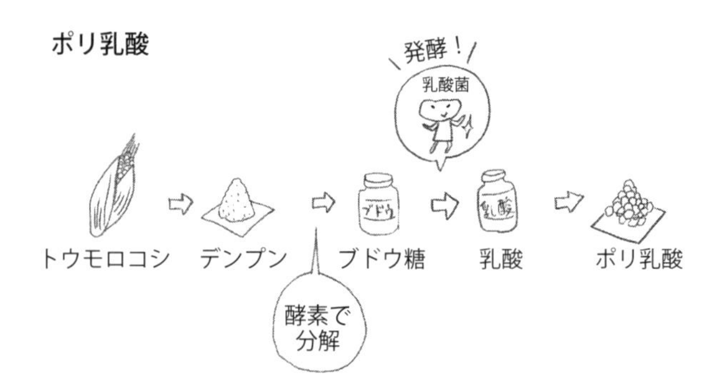

*2 主な用途はゴミ袋や農業用マルチシートなどのフィルムです。
*3 これを水に溶かしたものが洗濯のりです。

41　抗生物質って何？

> かつて人間は、感染症によって多くの命を失いましたが、抗生物質によって治すことができるようになりました。一方で、抗生物質が効かない耐性菌の問題が、深刻になっています。

◎ 他の微生物の発育を阻害する

人類は長い間、細菌の感染で起こる病気（細菌感染症）に苦しめられてきました。感染症になすすべのなかった人間は、治療する薬を手にすることによって、感染症とたたかうことが可能になっていきました。その中でもっとも大きな成果をあげたのが**抗生物質**です。抗生物質は当初、「ある微生物が生産し、ほかの微生物の増殖をおさえる物質」を意味していました。最近では、抗がん作用を持つ物質なども抗生物質に含まれるようになっています。

◎ フレミングによるペニシリンの発見

抗生物質を最初に発見したのは、イギリスの医師・フレミングです。第一次大戦に従軍したフレミングは、戦場でケガをした兵士が細菌に感染し、全身に広がって敗血症で亡くなるのを数多く目撃しました。1928年９月、夏の休暇から戻ったフレミングは、細菌をまいたままにしていたシャーレで、不思議な現象を目にしました。青カビが生えたところの周りには、細菌が生えていなかったのです。

この現象に興味を持ったフレミングは、生えていた青カビから抗生物質を取り出すことに成功しました。それが**ペニシリン**です。ペニシリンは別の研究者によって大量生産が可能になり、1944年のノルマンディー上陸作戦までには広く使われるようになっていました[*1]。

◎ペニシリンはどうやって細菌の増殖をおさえる？

ペニシリンやそのなかまの抗生物質は、細菌が細胞壁をつくる（「細胞壁の生合成」といいます）のを阻害して、細胞が増殖するのをおさえ込みます。ところが、この細胞壁は私たち動物の細胞にはありませんから、ペニシリンは私たちには作用しないのです。細菌に対してはたらくけれども動物には作用しないことを「選択性」といい、選択性が高いほど使いやすい薬だといえます。

ペニシリンのように細胞壁の生合成を阻害するものは、もっとも選択性が高い抗生物質です。結核菌に効果がある**ストレプトマイシン**は、細胞の中のリボソームに作用してタンパク質の生合成を阻害します。このグループに属する抗生物質は、ペニシリンなどに次いで高い選択性があります。ブレオマイシンやマイトマイシンCは、細胞の中でDNAの生合成を阻害する抗生物質です。細菌に対する選択性はもっとも低く、抗がん剤として使われています。

◎抗生物質はターゲットによって分類できる

抗生物質が細菌の増殖を阻害するのに、私たちには作用をもた

*1　ペニシリンは「奇跡の薬」とも呼ばれ、戦場で負った傷が原因で何万人もの人が死ぬのを防ぐことができたといわれています。フレミングはその功績から、1945年にノーベル医学・生理学賞を受賞しています。

らさないのは、細胞壁の有無のように、細菌と真核生物（動物もそうです）の間で細胞の構造や機能が大きく異なっていることを利用しています。この違いのおかげで、選択性の高い抗生物質を開発することができるのです。

下の図は、抗生物質が細菌の細胞のどこをターゲットにしているかを示します。病院で使われている抗生物質の大半は、これらの分類のいずれかに属しています。大部分は、細菌のタンパク質合成を阻害するか､細胞壁の合成を阻害して効果をあらわします。

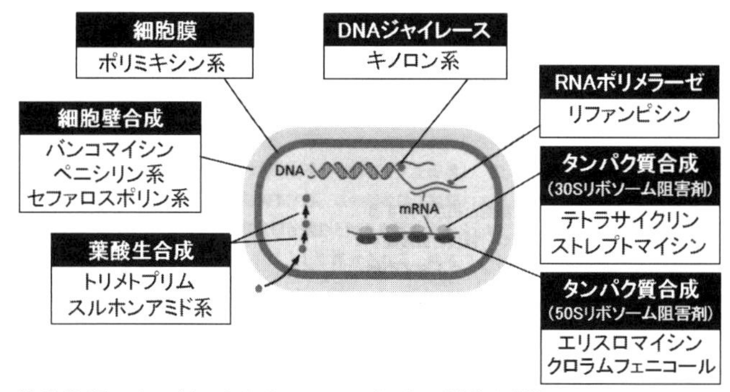

抗生物質のターゲットとなっている細胞の構造や機能

出典：ALBERTS ら『細胞の分子生物学 第６版』ニュートンプレス（2017 年）p.1293 の図を一部改変

◎ やっかいな耐性菌の問題

様々な抗生物質が開発されていく中で、感染症は克服できるようになるのではと考えられた時期もありました。ところが、抗生物質が効かない菌が次々と出てきました。そのような菌を**耐性菌**といい、抗生物質をめぐる最大の問題になっています。

細菌はたえず進化しているため、新しい抗生物質が開発されても数年以内に耐性菌が出てきます。細菌は下図のように、①抗生物質のターゲットになる分子を変化させる、②抗生物質を壊したり構造を変化させる、③抗生物質が細胞に入ってきても外にくみ出してしまってターゲットに届かなくする、といったやり方で抗生物質が効かなくしてしまうのです。

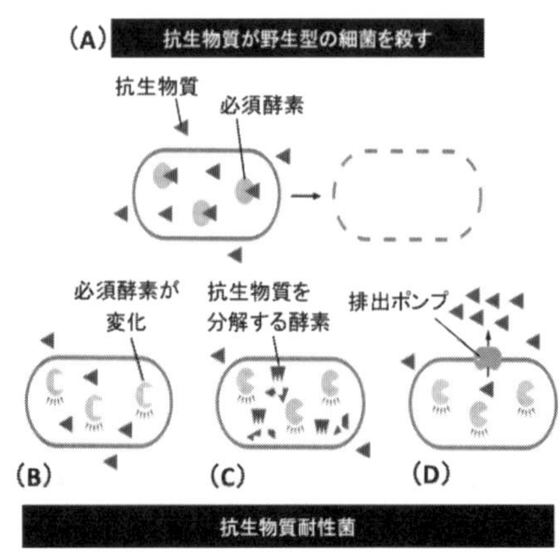

抗生物質のターゲットとなっている細胞の構造や機能

出典：ALBERTSら『細胞の分子生物学 第6版』ニュートンプレス（2017年）p.1293の図を一部改変

細菌がいったん抗生物質への耐性を持ってしまうと、耐性のもととなる遺伝子は別の細菌にも広がり、それだけではなく別の種類の細菌にも広がっていきます。抗生物質が効かない風邪やインフルエンザに抗生物質が処方されたり、家畜の発育や健康のためという理由で抗生物質が乱用されたり、人間の安易な行動が耐性菌の問題を深刻にしていったのです[*2]。

*2 バンコマイシンという抗生物質は、院内感染の最後の手段といわれていますが、これが効かない耐性菌も生まれています。その原因は、牛の飼育に使われた類似の抗生物質だと考えられています。

第5章
「食中毒」を起こす微生物

42「食中毒」って何？

食中毒というとサルモネラ菌や黄色ブドウ球菌といった細菌が引き起こすイメージがあります。しかし、ウイルスによる食中毒もあります。そもそも食中毒とは何なのでしょうか。

◎ 食中毒とは

食中毒は「**食あたり**」を医学用語で表したものです。食べ物が原因の胃腸炎が中心ですが、**細菌の感染**で起こるもの、**細菌がつくった毒素**が原因で起こるもの、そして**ウイルスの感染**が原因のものがあります。細菌の感染、ならびに細菌のつくった毒素は長いこと食中毒の主因で、人類を苦しませてきました。

◎ 食中毒との闘い

食品を干したり塩蔵したりする技術、皮をむいて調理したり、加熱調理をする技術は、保存性をよくし腐敗を防ぐだけでなく、食中毒を防ぐためにも役立ってきました。

しかし、食中毒の発生件数が大幅に減少するようになったのは、安全に製造された食品を、食卓まで低温を保って運べるようになってからです。食品工場や調理現場では衛生管理が徹底され、低温で輸送するコールドチェーンが発達し、冷凍冷蔵庫が店舗や家庭に普及してはじめて、食の安全が実現されたのです。

こうして減少しつつある細菌による食中毒ですが、家庭での調理や釣った魚の管理など、プロの手が及ばないところではいまだに発生がみられます。古くから存在する細菌による食中毒がどんなものなのか、知っておくことは決してマイナスにはならないでしょう。

◎ ウイルスによる食中毒

ウイルスの感染というと風邪やインフルエンザが代表ですが、人から人への感染ではなく、食べ物が原因となって感染が広がることもあります。食中毒の原因となるウイルスとしては、ノロウイルス、ロタウイルス、A 型肝炎ウイルス、E 型肝炎ウイルスなどがあります。感染力の強いノロウイルスなどは「食中毒」という呼び方がされないこともありますが、食べ物由来の胃腸炎を食中毒と称するのであれば、細菌性のものは１割に過ぎず、ウイルス性の食中毒が９割にのぼるという意見もあります。

◎ ウイルスは対症療法のみ

抗生物質は病気の原因となる細菌の増殖を妨げるものです。一方ウイルスは宿主の細胞に遺伝子を注入して複製させるので、抗生物質は効きません。インフルエンザなどは増殖を妨げる薬剤が開発されていますが、多くのウイルス性疾患は対症療法が中心になります。胃腸炎の場合は下痢止め、吐き気止めなどを服用し、必要に応じて解熱剤や痛み止めを飲んで水分の補給をすることになります。ウイルスによる食中毒の項目では、様々な感染と注意点についてをお伝えします。

43 おにぎりは素手で握ると危険？《黄色ブドウ球菌》

「最近の若い人は潔癖で、素手で握ったおにぎりを食べられない」という話を聞いたことはありませんか。おにぎりを素手で触れることは衛生面においてどんな問題があるのでしょうか。

◎ おにぎりは発酵食品？

医学博士であり、寄生虫の専門家としても知られる藤田紘一郎氏が、雑誌『クロワッサン』の2018年5月25日号で「手塩にかけたおにぎりは、おいしい発酵食？」という記事に「おにぎりの効用は腸に常在菌を取り込むこと。素手で握らなければ価値はありません」「おにぎりは発酵食品と同じです」とコメントして、大きな話題となりました。

発酵と腐敗は、簡単にいえば人に役立つか役立たないかの違いで、現象としては同じです。

より正確にいえば、無酸素条件での有機物分解のうち、乳酸、酪酸、酢酸などの**有用物質が産生されるものが発酵、悪臭をともなう有害物質の産生が腐敗**と呼ばれています。

私たちの皮フや腸内には乳酸菌、酢酸菌、大腸菌、ブドウ球菌などの多くの細菌類がすんでおり、これらを常在菌と呼んでいます。この常在菌を取り入れるのがおにぎりの効用だと氏は言うのですが、こうした常在菌のうち、そもそも有用な微生物に限って増殖させ、人に役立つようにコントロールするには高度な技術や管理が必要です。それは、たとえば日本酒、味噌、醤油などの発酵食品の醸造と品質管理には高度な技術がともなうことからもわかります。一方でおにぎりのような、温度も環境もコントロールできない食品ではそうした管理は不可能です。

◎ 熱に強く、胃酸でも分解されない

冒頭にも書いたように、近年は素手で握ったおにぎりは食べられない、という人が若者を中心に増えてきた、といわれています。過度に衛生的になったとの声もありますが、そのために減少してきたものがあります。それが、黄色ブドウ球菌による食中毒です。

黄色ブドウ球菌は皮フや鼻腔(びくう)にすむ常在菌ですが、傷に化膿巣(かのうそう)をつくるほか、抵抗力の弱った人に敗血症を引き起こすなど、様々な病原性を持っています。また抗生物質が効かないメチシリン耐性黄色ブドウ球菌（MRSA）は院内感染症の原因ともなり、多くの犠牲者を出すこともあります。2000年に雪印が起こした大規模な食中毒事件も、この黄色ブドウ球菌が原因です。

食品についた黄色ブドウ球菌は増殖し、**エンテロトキシン**という毒素をつくります。

通常、我々が食べるものは加熱処理によって変性をうけたり、胃酸や酵素によって分解されたりします。しかし、**エンテロトキシンは酸にも熱にも強く、胃酸でも分解されることがありません。**そのため、エンテロトキシンに汚染された食べ物は加熱しても食中毒を引き起こしてしまいます。具体的には30分から６時間（平均３時間）で吐き気、嘔吐(おうと)、腹痛などの症状を引き起こすとされ

ています。

◎ おにぎりは多くの食中毒を引き起こしてきた

実は1980年代まで、食中毒の３分の１近くが黄色ブドウ球菌によるものであり、その最大の原因となっていた食品がおにぎりでした。

ブドウ球菌は耐熱性で乾燥にも強く、さらに**10%近い食塩濃度でも生存できます**。おにぎりを塩で握るのは、塩分で雑菌の増殖をおさえるためでもありますが、黄色ブドウ球菌には効果が薄いのです。

ですから、おにぎりを握るときにラップを利用したり、加工食品などの調理時に手袋を着用するなどの対策をとることは、黄色ブドウ球菌による食中毒を減らす有効な手段になっています。

実際に黄色ブドウ球菌を原因とする食中毒は、現在では全食中毒の５％に満たないまでに抑制されています。

このように、多発する食中毒をなくすための様々な努力がなされてきた経緯があります。だからこそ、「素手で握らなければ価値はない」などと軽はずみに言いきってしまうことには疑問を覚えるのです。

おにぎりに菌を繁殖させないためには

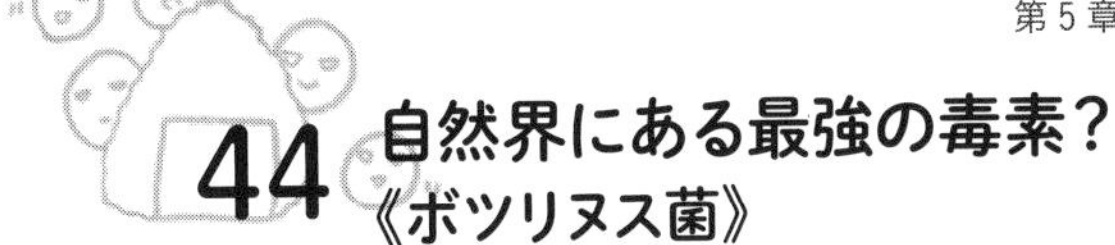

44 自然界にある最強の毒素？《ボツリヌス菌》

フグの1000倍以上の毒性があるともいわれるのが、ボツリヌス菌が産出する毒素です。ハチミツや密閉食品など、一見安全に思える食品からも食中毒が発生します。

◎ 500グラムあれば全人類を殺せる？

ボツリヌス菌が産出する**ボツリヌス毒素**は、自然界の毒素の中でも最強で、**フグの毒の1000倍以上の強さがある**といわれています。計算上、500グラムあれば全人類を殺せる、とまでいわれる恐ろしいものです。

ボツリヌス菌は土や海、湖、川などの泥の中に多くすんでいる嫌気性の細菌で、**酸素がある場所では生きていくことができません**。台所をはじめ、私たちが生活している場所はいずれも酸素が豊富ですから、安心できそうな気がしますね。では、どういう条件で食中毒が起きているのでしょうか。

ボツリヌス、という言葉はラテン語の「腸詰め」（ボツルス）に由来しており、欧米では**ソーセージ**や**ハム**が食中毒の原因となっていました。

国内で発生したボツリヌス菌食中毒の多くは、**いずし**と呼ばれる発酵食品によるもので、かつては秋田県や北海道で散発していました。いずしはハタハタ、鮭、ニシンなどの魚をご飯と塩、野菜で漬け込んで発酵させたものです。通常は空気が入らないように乳酸発酵させることで雑菌の繁殖がおさえられますが、乳酸発酵が進む前にボツリヌス菌やその芽胞が混入していると食中毒の原因となります[*1]。

近年みられるようになったのが、**密閉食品**によるボツリヌス菌食中毒です。ボツリヌス菌や、ボツリヌス菌が休眠状態になった芽胞と呼ばれるものは、120度で4分以上加熱すれば死滅するため、**缶詰、瓶詰、レトルト食品などは安全**です[*2]。それでは、どんな食品が危ないのでしょう。

ボツリヌス菌が増殖する恐れがあるのは、加熱が不十分な自家製の食品や瓶詰、そして、常温保存が可能なレトルト食品ではない真空包装された包装食品です。

スーパーなどで売られている**要冷蔵の真空包装食品**はレトルト食品と勘違いしやすく、国内でも誤って常温保存したために食中毒となった例があります。また、同じボツリヌス菌でもE型のものは冷蔵庫の中でも増殖できるため、賞味期限を守ることも重要です。

ボツリヌス毒素は強力ですが、**100度で10分以上加熱すれば分解されます**。しっかり熱を通して食べることが食中毒の防止になります。

◎ 乳児ボツリヌス症とハチミツ

ところで、1歳未満の乳児には、乳児ボツリヌス症を防止するため、ハチミツを与えてはいけません。別項、P.046をご覧ください。

*1 ただ、現在では自家製のいずしを作る習慣自体が減少し、いずし由来の食中毒は減少しています。

*2 万が一容器がふくらんでいる場合はボツリヌス菌が増殖している可能性がありますから、食べずに廃棄しましょう。

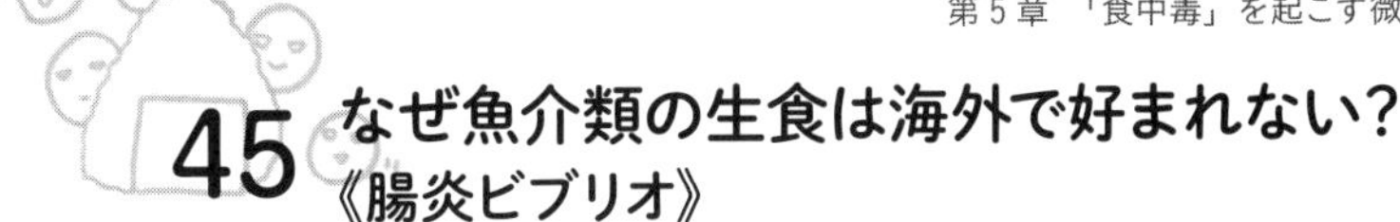

45 なぜ魚介類の生食は海外で好まれない？《腸炎ビブリオ》

「魚をさばいたまな板で野菜を切ってはいけない」と教わったことはありませんか。海でとれた魚介類に多い腸炎ビブリオは、生食を好む日本で多くの食中毒を引き起こしてきました。

◎ コレラ菌の親戚

腸炎ビブリオはコレラ菌と同じビブリオ属の細菌で、海水や海の泥の中に生息しています。増殖速度が非常に速く、感染すると８時間から１日程度ではげしい腹痛や下痢を引き起こし、発熱の症状がみられることもあります。一方で熱に弱く、真水や低温などの環境では増殖できません。それでは、どういう条件で食中毒を引き起こすのでしょう。

腸炎ビブリオは海水温が15度以上になると活発に活動します。とはいえ海水中の腸炎ビブリオは数が少ないので少量の海水を飲み込んでも問題はありませんが、**暖かい時期に海でとれた魚介類には一般的に腸炎ビブリオが付着しており、冷蔵していないと急速に増殖し、食中毒を引き起こします**。多くの国で海産の魚介類を生食しないのはこのためだといわれています。

ちなみに、淡水魚には腸炎ビブリオのリスクはありませんが、そのかわり寄生虫の感染リスクがあるため、安全に養殖されたものでなければ生食は避けるべきでしょう。

日本人が魚を生食することと、かつては流通経路が十分に整備されていなかったことから、腸炎ビブリオは長らく食中毒の大きな原因となっていました。

しかし、冷蔵庫や保冷車が普及し、食品流通のコールドチェーン（低温流通体系）が徹底するようになったことと、寿司店やスーパーなどの調理施設の調理の技術向上や消毒の徹底によって、近年は発生件数が激減しています。

刺身や寿司を安全に食べたいあまりに日本の食の衛生環境は向上してきた、ともいえるかもしれません。

ただ皮肉なことに、安全に食べられるようになったため、一般家庭では海産魚介類の取扱いについての意識が薄れ、低温管理の徹底を怠るケースもあるようです。海釣りで釣った魚を持ち帰る際や、旅行先で買った魚を持ち帰るといったときには、十分気をつけるようにしてください。

◎ 調理の注意

腸炎ビブリオは真水では増殖できないので、魚介類は流水でよく洗ってから調理しましょう。魚介類を加熱調理する場合は、中心部まで熱が通るようにします（60 ℃で 10 分以上）。

増殖速度が速いため、**生魚を常温で保管してはいけません**。短時間でも冷蔵庫や氷で冷やしたクーラーボックスなどに保管するようにしましょう。冷凍しても短時間では死滅しないため、生の冷凍魚を常温で解凍するのも危険です。冷蔵庫などの低温下で解凍するか、電子レンジなどを使用して短時間で解凍するようにします。また、寿司や刺身として調理したものは低温で保存し、なるべく早く食べるようにしましょう。買い物の際も魚や刺身は最後に購入し、すぐ冷蔵するよう心がけたいものです。

回転寿司などでは皿ごとに製造からの時間をチェックし、古いものは廃棄するようになっていますが、これも感染を防ぐ工夫のひとつです。

◎ 二次汚染にも気をつけよう

腸炎ビブリオ食中毒の原因となるのは海産の生鮮魚介類や加工品ですが、気をつけたいのは二次汚染です。

調理する過程で手や、まな板、包丁などの調理器具にも腸炎ビブリオは付着します。これらを介してほかの食品が汚染されることがあり、とくに塩分のあるものが汚染された場合、そこで増殖して食中毒の原因となることがあります。過去には魚を調理したまな板をよく洗わず、きゅうりを切って浅漬けにしたために、塩分の多い環境下で腸炎ビブリオが増殖し、食中毒を引き起こしたという例もあります。調理器具はよく洗い、二次汚染を防ぎましょう。

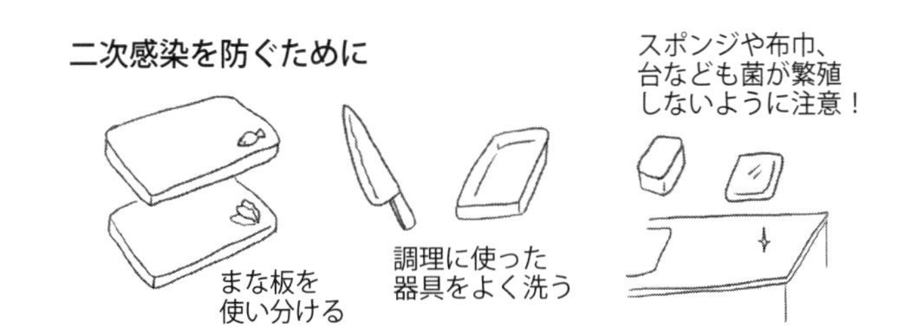

46 なぜ日本人は生卵を食べられるの？《サルモネラ菌》

生卵を食べるのは日本人くらい、という話を聞いたことはありませんか。それはなぜなのでしょうか。ほかにもペットなどから感染することもあるサルモネラ菌を紹介します。

◎ サルモネラ菌とチフス菌は同族

サルモネラ菌はニワトリ、ウシ、ブタなどの家畜の腸管に広く生息する菌です。ヒトに感染すると激しい下痢症状を起こします（一部には無症状で長期間保菌する人もいます）。毒素による食中毒ではなく、サルモネラ菌が口に入り**消化器で増殖することで発症**します。ゴキブリやネズミが嫌われるのは、サルモネラ菌やチフス菌などの病原菌を媒介するためで、海外ではネズミの糞によるチフスの発生もしばしばみられます。

実はサルモネラ菌と、チフス菌やパラチフス菌は同属のなかまです。ただし、チフスやパラチフスは激しい全身症状を起こすため、法定伝染病として区別されています。

サルモネラ菌は乾燥状態でも数週間、水中では数か月生存が可能な強い菌です。

日本では、卵とその加工品、肉（とくに内臓）の生食や二次汚染が原因で食中毒を起こすケースが多く報告されています。それ以外にも、うなぎやスッポン（とくに生き血や内臓の生食）が原因となったケースもあります。

◎ 生卵は危険？

シルベスター・スタローン主演の『ロッキー』という映画があります[*1]。ボクサーを目指す主人公は貧しくてアスリートがとるプロテインを買えないので、ジョッキに生卵を次々に割りいれて飲み干します。

我々が見ていると「よくやるな～」程度にしか思えませんが、実はあのシーン、欧米の文化的にはゲテモノ食いで非常にグロテスクであり、ロッキーの執念を表す描写なのです。日本を訪れた外国人が抵抗を覚える食品の上位にも生卵は顔を出します。海外では生卵はサルモネラ菌に汚染された危険なもの、という感覚で、加熱せずに食べるのは抵抗があるのです。

卵がサルモネラ菌に汚染されているのであれば、なぜ私たち日本人は生卵を日常的に食べて問題ないのでしょうか。

たしかに、産みたての生卵にはニワトリの腸管に由来するサルモネラ菌が付着しています。しかし、日本では広く生卵を食べる習慣があるため、出荷前に消毒液（次亜塩素酸など）を含む温水や紫外線などを使って殺菌消毒しているのです。そのため、**日本で売られている賞味期限内の卵は安心して生食することができます**。

海外ではこの消毒が行われていないので、一般に生で食べるのは危険だといわれています。しかし、海外にも、マヨネーズやエッグノッグ、アイスクリームといった生卵を使用した食品はあります。こうした食品用にPasteurized-egg（滅菌済卵）が売られているので、これなら日本の生卵同様に生食が可能です。逆にいえ

*1 1976年のアメリカ映画で、第49回アカデミー賞作品賞や、第34回ゴールデングローブ賞ドラマ作品賞を受賞した作品です。

ば、日本では海外でいうPasteurized-eggが一般に流通しているわけです。

◎ 賞味期限が過ぎても加熱調理すればOK

ちなみに卵は店舗では常温で売られていることがありますが、これは結露によって卵の殻に残ったサルモネラ菌が増殖をはじめるのを防ぐためで、家庭では冷蔵庫での保管が奨励されています。

賞味期限はおおよそ産卵から2週間前後に設定されていますが、これは生食の「賞味期限」で、生鮮食品でよく見る「消費期限」ではありません。ですから、**賞味期限を過ぎた卵であっても腐敗していなければ加熱調理すれば食べることができます**。ただし、卵は割ったらすぐ調理するようにします。ヒビが入った卵はそこから細菌が侵入するので、調理するか廃棄しましょう。

また、新鮮な産みたての卵であっても、飼っているニワトリが産んだものを拾ってきた、といった**無洗浄のものはサルモネラ菌が付着している可能性がある**ことは知っておきましょう。

◎ 気をつけたいペットからの感染

家畜だけでなく、ペットもサルモネラ菌を保菌していることがあります。保菌している動物は犬や猫、鳥だけでなく、カメなどの爬(は)虫類も含まれますし、アメリカではペットのハリネズミによるサルモネラ菌感染症も報告されています。

これらの動物はサルモネラ菌に感染していてもほとんどが無症状です。ですから、ペットに触ったあとなどはよく手を洗う必要があります。動物園のふれあい広場などでは、触ったあとに手が洗えるよう、必ず手洗い施設が併設されていますよね。

ペットを飼っている方は、ペットが感染症になることには敏感でも、**ペットが感染症の原因となる病原菌を持っている**ということを知らない人もいます。猫カフェなどでも入店時に手洗いや消毒を行う店舗は多いですが、動物を触りながら飲食できる店がほとんどですし、帰るときにきちんと手洗いや消毒をすることはあまりないようなので注意しましょう。

家庭で飼われているペットでも、家族同然なのに不潔なんていわれるのは心外だ、とか、室内飼いだから清潔だ、と思っている方もいらっしゃると思いますが、とくに**抵抗力の低い子どもや赤ちゃん、高齢者には注意が必要**です。赤ちゃんがペットの排せつ物に直接接触しないよう気をつける、子どもや高齢者がペットに触れたあとは食事前に手を洗う、口をなめさせたりしない、といった注意は守りたいものです。

47 なぜ鶏肉はよく火を通す必要がある?《カンピロバクター》

鶏肉から感染することが多く、ペットなどからもうつることがある細菌が「カンピロバクター」です。牛や豚にも広く分布していますが、なぜ鶏肉がとくに危険といわれるのでしょうか。

◎ カンピロバクターって何?

みなさんのまわりで、「鶏肉にあたった」という話を聞いたことはありませんか。私自身、専門店で「鳥肉の刺身」を食べ、しばらくしてから激しい下痢や吐き気などの胃腸炎症状に苦しんだことがあります。

カンピロバクターは、牛や豚、鳥、そしてペットの消化管に広く分布する細菌です。これらの家畜などに胃腸炎を起こすこともありますが、無症状で感染していることもあり、そうした家畜の**排せつ物に汚染された食品や水をとることで人に感染します**。

子どもの場合は抵抗力が弱いので、そうした動物に触れることで感染してしまうこともあります。動物園のふれあい広場などで「動物に触れたあとはよく手を洗いましょう」という表示がありますが、これはカンピロバクターなどの細菌感染を防ぐという目的が大きいのです。

◎ なぜ鶏肉から?

肉類すべてが感染源になりそうなものですが、なぜ鶏肉がよく感染源となるのでしょうか。これは、店先に並んでいる肉を見てみればわかります。豚肉や牛肉は切り分けられ、スライスされたものが販売されている一方で、鶏肉は皮つきのまま売られていますよね。**この皮の部分（羽の毛穴の部分）にカンピロバクターが残っていることがある**のです。そして加熱が不十分な場合にヒトに感染してしまうと考えられています。

一部の店舗ではササミの部分を刺身にして鳥刺しとして提供していることもあるようですが、このような**生食は危険**です。内臓にも菌が付着していることがあるので、以前は生の牛レバー（レバ刺し）からの感染もみられました。

生食以外にも、肉の処理段階でまな板や包丁、手などを介して感染することもあります。そのため、肉を扱う調理用具はよく洗い、消毒する必要があるのです。

◎ 焼肉やバーベキューには要注意

カンピロバクターの**主な流行期は５月から７月前後**ですので、行楽シーズンに野外で焼肉パーティーをする場合には十分注意をしましょう。下処理時に他の種類の肉と混ぜたり、同じ調理器具（まな板、包丁など）を共用しないようにします。そして、皮目から先に十分火を通してから食べるようにしましょう。

◎ 他の胃腸炎との混同も

主な症状は**猛烈な胃腸炎**です。激しい腹痛や下痢の場合はすぐ病院を受診しましょう。

このときに気をつけなければいけないのが、他の胃腸炎との混同です。

実はカンピロバクターは10月頃にも流行期があり、ノロウイルスやロタウイルスといった感染性胃腸炎と混同される場合があります。こうしたウイルスによる感染症には抗生物質が効かないので、対症療法しか行えません。

しかし、カンピロバクターは細菌ですから、**抗生物質を投与しなければいけません**。そのため感染の恐れがある場合は必ず受診し、症状を伝えるようにしましょう。

◎ やっかいな潜伏期

ところで、カンピロバクターに感染してから発症するまでの潜伏期間はどれくらいなのでしょうか。

通常は２日程度です。しかし、カンピロバクターは増殖の速度が遅く、**長い場合は７日くらいたってから発症することもある**そうです。そうなると「先週食べた生焼けの鶏肉が胃腸炎の原因」とはなかなか気づけないものです。とくにお子さんや高齢者の食中毒には気をつけていただきたいと思います。

牛レバーにも
カンピロバクターは
いるので、生食はダメ！

とくに子どもやお年寄りなど
抵抗力の弱い人は注意しよう

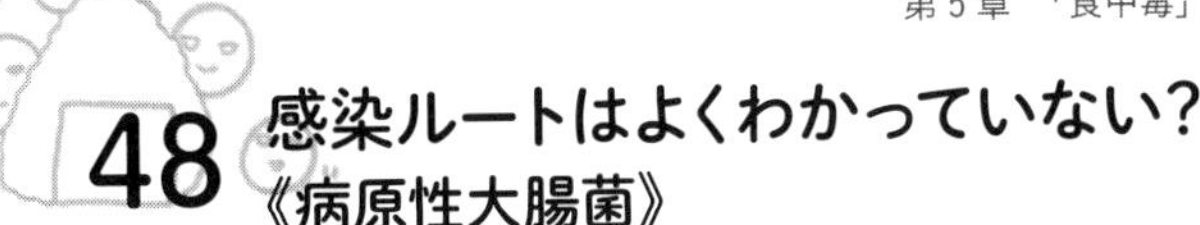

48 感染ルートはよくわかっていない？《病原性大腸菌》

O157をはじめとする病原性大腸菌は1996年に法定伝染病になりました。感染ルートが不明な場合が多く、大規模な食中毒が発生することもあります。その種類と注意点を見てみましょう。

◎ 病原性大腸菌とは

大腸菌は家畜や私たちの大腸にもすんでいる常在菌です。その多くは無害ですが、ヒトに下痢などの症状を引き起こすものがあることがわかってきました[*1]。

細かくは腸管病原性大腸菌、腸管侵入性大腸菌、毒素原生大腸菌、腸管凝集性大腸菌、腸管出血性大腸菌の5種類に分かれ、前4種は下痢や腹痛などを引き起こし、途上国の乳幼児下痢症の原因になっています。

なかでもとりわけ病原性が高く、気をつけなければいけないのが**腸管出血性大腸菌**です。

◎ 腸管出血性大腸菌とは

腸管出血性大腸菌は、強力な**ベロ毒素**という毒を出します。これは赤痢菌が出す毒素に似たもので、もともと大腸菌が持っていた毒素ではなく、バクテリオファージ[*2]がこのベロ毒素の遺伝子を持っています。ファージに感染したことで一部の大腸菌が二次的にこの毒素の産生能力を獲得したと考えられています。

*1　現在170種類ほどが知られています。
*2　バクテリオファージとは、細菌に感染するウイルスの総称です。

腸管出血性大腸菌のベロ毒素は出血をともなう腸炎や溶血性尿毒症症候群（HUS）*2 を引き起こし、激しい血便や重篤な合併症を経て死亡することもあります。潜伏期間は３〜８日、しかも**わずか 100 個程度の細菌を摂取することで感染する**ことがわかってきました。サルモネラ菌の場合は100万個程度の細菌を摂取して感染が成立するので、その１万分の１の数で感染してしまうことになります。

食肉の生食や不十分な加熱、野菜や果物以外に、冷蔵庫や調理器具、手指を介して他の食品に原因菌が付着することでも感染は生じます。過去にはポテトサラダなどの惣菜類が原因となったこともあります。調理の際の十分な加熱、徹底した手洗い、保管や調理時に魚介類や肉類を分ける、調理器具の洗浄と消毒を行う、といった注意が必要です。

また、焼肉の際などは非加熱の食材と加熱済みの食材を扱う食器（箸など）を分けるようにしましょう。とくに抵抗力の弱い人や乳幼児、お年寄りは腸管出血性大腸菌以外の病原性大腸菌の感染も重症化しやすいので、肉をよく加熱するなどの配慮をしましょう。

*3　溶血性尿毒症症候群（HUS）は腸管出血性大腸炎の患者の一部に数日以上遅れて発生し、腎臓の障害など（溶血性貧血、血小板減少、急性腎不全）を起こします。

◎ 解明しにくい感染ルート

潜伏期間の長さと、少ない菌で感染してしまうことから、病原性大腸菌の感染ルートはなかなか解明できません。1996年に大阪府堺市で発生したO157の集団感染では、児童を中心に8000名近い感染者と1500名を超える家族の二次感染者が出て、児童3名が亡くなりました。このときは共通する非加熱食材である貝割れ大根が原因ではないかとの推測が公表されましたが、その後の調査でも栽培施設や食材からはO157は検出されませんでした。このときは栽培業者に倒産が相次いで自殺者まで出る騒ぎとなり、大臣が貝割れ大根を食べるパフォーマンスを行ったうえ、業者から提訴された裁判で国が敗訴するなど、風評被害が大きな問題となりました。

なお、この集団感染では19年後の2015年に後遺症で死亡者が生じ、現在でも複数の患者に治療が必要な状態が続いています。一時的な感染症ではなく、**長い後遺症をもたらすことがある**という意識は持っておきたいものです。

◎ 二次感染や家畜からの感染にも注意を

他にも感染者のタオルなどを共用して発生する二次感染なども生じています。サルモネラ菌と同じく、病原性大腸菌は家畜からも感染しますので、動物に触れたあとに手洗いをするなどの注意も必要でしょう。

49 アルコール消毒が効かない?《ノロウイルス》

冬に旬をむかえるカキを介して胃腸炎（食中毒）を引き起こすことがあるのがノロウイルスです。しばしば集団発生することもあるノロウイルスの特徴や対処法を見てみましょう。

◎ カキとノロウイルス

食べ物を原因とする**ノロウイルス**の感染症は、ウイルスを含む**カキなどの二枚貝を生食、あるいは十分加熱せずに食べた場合に生じやすい**といわれています。

ところで、お店で売られているカキには「生食用」と「加熱用」があるのをご存知でしょうか。これは、カキを漁獲（養殖）している海域や処理方法によって定められています。

カキなどの二枚貝類はろ過食者といって、海水に含まれる有機物をこしとって食べ物としています。このため、市街地の近くでは排水に含まれるノロウイルスなども集められて貝の中に蓄積します。こうしたウイルスを持ったカキを生食することで感染するのです。

ですから、生活排水や工業排水が流れ込む場所に近い場合や、水質検査で生食用の基準を満たしていない場合のカキは**加熱用**として出荷されます。こうした場所でも、紫外線などで殺菌した海水中に規定された時間おく浄化処理をすれば生食用として出荷できますが、殺菌された海水にはエサがないので、浄化処理されたカキは痩せて味が落ちてしまうという声もあります。

これに対して**生食用**のカキは、生食用に出荷してよいと指定された海域で漁獲（養殖）された、雑菌数が食品衛生法の基準を下回ると保健所が認めたものが出荷されています。

鮮度ではなく雑菌数などによる規定なので、いくら新鮮でも加熱用のカキを生で食べてはいけません。

◎ 二次汚染や空気感染も

ノロウイルスによる感染や食中毒は11月頃から増加します。**感染力が強く、10～100個程度のウイルスが体内に入るだけで感染します**。感染後１～２日で嘔吐や激しい下痢、腹痛を起こします。ノロウイルスはウイルスが付着した調理器具や、感染者の嘔吐（おうと）物、糞便などを介して感染することもあります。とくに小児は突発的に大量の嘔吐をすることがあり、そうした**嘔吐物の処理が不十分な場合、乾燥して舞い上がった微小な嘔吐物により大量の感染者が生じることがあります**。

ノロウイルスは消毒薬にも強く、よく利用されるアルコール消毒では感染性がなくなりません。石けんなどを用いてよく手を洗うほか、消毒の徹底が必要です。

地域の保健所がマニュアルを配布しているほか、冬季には対応方法の講習会なども開かれるので参考にしてみてください。

【嘔吐物の処理方法】

① 片づけの際は使い捨ての手袋とマスクをつける
② 便や吐いたもので汚れた床は、塩素消毒液を含ませた布でおおい、しばらくそのまま置いて消毒する
③ 便や吐いたものはペーパータオルなどで静かに取り除く
④ 汚れた布は塩素消毒液に浸して消毒する
⑤ 使い終わった手袋、マスクなど、捨てるものはビニール袋などに密閉する

◎ 症状がおさまっても要注意

感染者が出た場合は食器や衣類、感染者が触ったドアノブなども**塩素消毒液**で消毒し、タオルやリネン類は分けて洗たくをするなどして感染の拡大を防ぎましょう [*1]。また、**症状がおさまっても２～３週間はウイルスの排出が続く**と考えられているため、子どもの便などの処理時は感染を広げないよう注意しましょう。

残念ながらノロウイルスは培養細胞での増殖が困難なので、**いまだにワクチンなどは開発されていません**。しかし、迅速診断キットが市販され診断がしやすくなってきました [*2]。

もしノロウイルスの感染が疑われる場合は、まずは病院を受診し、診断を受けることが大切です。勝手に判断して市販役を服薬したものの、別の感染症だった、といった場合には対処が遅れて重症化してしまうことがあるからです。

*1　塩素消毒液は次亜塩素酸を含んだ家庭用の塩素系漂白剤を水で薄めたものを利用できます。
*2　ただし感度に若干の問題があり、すべてのノロウイルス感染症を確実に診断できるわけではありません。

50 ウイルス性胃腸炎では一番症状が重い？《ロタウイルス》

ノロウイルスと並んで急性胃腸炎を引き起こすことで有名なのがロタウイルスです。ノロウイルスとの違いや注意点について知っておきましょう。

◎５歳までにほぼ全員が感染する？

ロタウイルスは乳幼児に急性胃腸炎を引き起こすもので、古くは仮性小児コレラ、あるいは白痢（はくり）と呼ばれて恐れられてきました。ウイルス性の胃腸炎の中ではもっとも症状が重く、白い水状の下痢を起こし、急激な脱水症状によって、医療制度が整う前は多くの子どもたちの命を奪ってきた恐ろしい感染症です。現在でも、**入院が必要な小児の急性胃腸炎の半数を占める**とされています。

日本でのロタウイルス感染のピークは2月から5月にかけてで、11月から２月頃までのノロウイルス感染症のピークより少し遅れます。ロタウイルスは非常に感染力が強く、先進国でも**５歳までにほぼ全員が感染する**ともいわれています。

感染すると１～４日の潜伏期のあと下痢、嘔吐、発熱などを起こし、治療を受けないまま放置すると脱水による痙攣やショックを起こすこともあります。それだけでなく腎炎・腎不全・心筋炎・脳炎・脳症・HUS（溶血性尿毒症症候群）・DIC（播種（はしゅ）性血管内凝固症候群）・腸重積（ちょうじゅうせき）などの合併症を併発することもあります。

ロタウイルスは一度感染しただけでは十分な免疫が得られない

ため、症状が軽くなりながら複数回発症することもあります。大人ではあまり発症しないといわれていますが、近年は成人の集団感染や食中毒もみられるようになっているそうです。

◎ ワクチンも開発

ロタウイルスもノロウイルス同様、迅速診断キットが開発されて病院での診断が行いやすくなっています。ただし、迅速診断には感度の問題があり、すべてのロタウイルス感染症を確実に診断できるわけではありません。

また、ロタウイルスに効果のある抗ウイルス薬はありませんが、**任意接種のワクチンは開発されています**。国内でもロタリックスとロタテックの2種類の経口生ワクチンが認可されており、今後は接種を励行するべきだという意見もあります。小さいお子さんをお持ちの方はお医者さんに相談してみるとよいでしょう。

◎ 感染の防止には

他のウイルス性疾患と同じく、手洗いや消毒が重要です。ノロウイルス同様に感染力が強く、10 ～ 100 個程度の少量が体内に入っただけで感染するともいわれています。感染者の嘔吐物や便は、ノロウイルス同様に適切に処理しましょう。

ロタウイルスの感染者は、症状がおさまっても1週間程度ウイルスを排出するといわれています。一方で**ロタウイルスには消毒用アルコールも効果がある**といわれているので、ノロウイルスよりは対策がしやすいかもしれません。

51 「新鮮な食品」でも感染する？《A 型・E 型肝炎ウイルス》

肝炎を起こすウイルスには、発見順に A 型から E 型まであります。血液や体液を介して感染する B 型や C 型が有名ですが、A 型と E 型は食べ物を介して感染することがあります。

◎かつては多かった A 型肝炎

A 型肝炎は一過性の感染症です。A 型肝炎は慢性化することはありませんが、衛生状態が悪い東南アジアやアフリカ、南アメリカ諸国では現在でも多くの感染者がいます。日本でもかつては広い範囲で流行がみられたため、60 代以上の日本人には免疫抗体を持っている（感染歴がある）人が多くみられます。

A 型肝炎は感染者の糞便に含まれているウイルスが、水、野菜、果物、魚介類などを経て口に入ることで感染します。熱帯や亜熱帯の、飲料水の管理が悪い地域では感染リスクが高いとされています。

国内での感染は水や野菜ではなく、ウイルスが付着した生、あるいは加熱不足の魚介類が原因とされています。

都市近郊で釣れた魚介類は汚染されている可能性がありますから、生食せず、よく加熱して食べるようにしましょう。

また、原因となる魚介類を扱った調理器具についたウイルスがほかの食品につかないよう、野菜類や生で食べるものを先に調理し、使った調理器具は使用後よく洗い、できれば熱湯消毒をするなどの注意をしましょう。

◎Ｅ型肝炎はブタやジビエ由来

最近、狩猟でとられた肉（ジビエ[*1]）を食べられるお店が増えてきました。有害鳥獣の駆除などで狩られた肉を消費するのは大変よいことですが、**イノシシ、シカ、ブタなどの肉や内臓を生、あるいは加熱不足で食べるとＥ型肝炎に感染することがあります**。調理時は手洗いや消毒に注意し、生食をせず、中心まで十分に加熱しましょう。鮮度のよいものであれば刺身で食べても大丈夫だ、という声を聞くことがありますが、**ウイルスの感染に関しては鮮度と関係ありません**。国内でもシカ肉の刺身や豚レバーからＥ型肝炎ウイルスが検出された例があるほか、イノシシの生レバーを食べたことが原因とみられる急性型肝炎での死亡例もあります。このほかにも寄生虫などの感染の原因ともなりますので、加熱が不十分なものや生のもの（ジビエのレアやミディアムのステーキを含む）は食べないように注意しましょう。

一方でＥ型肝炎が人から人へうつることはごくまれだとされています。ただし、ウイルスに感染している人や動物の便で汚染された生水や生ものは危険です。都市部では井戸水であっても排水が入り込む場合もあります。アジアでみられる流行性肝炎の病因ウイルスは主にＥ型だと考えられており、Ｅ型肝炎が流行、発生している地域では生水や生ものを避けるようにしましょう。

*1　狩猟によって捕獲された鳥獣を食べることをいいます。

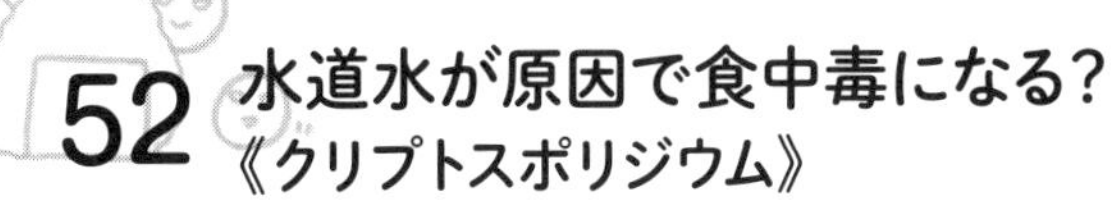

52 水道水が原因で食中毒になる?《クリプトスポリジウム》

水道や食品を通じて、ときに大人数の感染を引き起こすのがクリプトスポリジウムです。マラリアやアメーバ赤痢の病原体と同じなかまの「原虫」が原因です。

◎ クリプトスポリジウムとは

クリプトスポリジウムは家畜やペットの腸管に寄生する原虫(原生生物)として知られていましたが、1976年にはじめてヒトへの感染が報告されました。1980年代には後天性免疫不全症候群(AIDS)患者において致死性の下痢を引き起こす病原体として注目されるようになり、その後、健常者にも同様の激しい下痢を引き起こすことがわかってきました。

よく知られている集団発生は、1993年に米国ウイスコンシン州ミルウォーキー市で発生したものです。160万人が病原体にさらされ、40万人以上が感染し、4400人が入院、数百人が死亡するという未曾有の集団感染となり、大きな社会問題となりました。

日本では、1994年に神奈川県平塚市の雑居ビルでの集団感染(461人発症)が、1996年には埼玉県入間郡越生町の町営水道を汚染源とする集団感染(8800人発症)が発生し、水道水が汚染されるケースへの対策が急がれました。

◎ 対応が進んだ上水道

クリプトスポリジウムは塩素消毒でも感染性を失わないため、物理的なろ過などで対応する必要があります。しかし、小規模な水道施設では追加コストがかかることから対応が進んでいませんでした。

近年になって紫外線処理が有効であることがわかり、2007年に厚生労働省の省令が改正され、「水道におけるクリプトスポリジウム等対策指針」がとりまとめられました。2017年時点では97.3%（給水人口ベース）の施設で対応が済んでいます。

また、地域の患者の便からクリプトスポリジウムが検出された場合など、水道水が感染源である恐れが否定できない場合には、自治体が水道利用者に広報と飲用指導を行うことになっています。こうした広報に注意し、万一感染が報じられた場合は水を煮沸（しゃふつ）して利用するなどの対策をするようにしましょう。

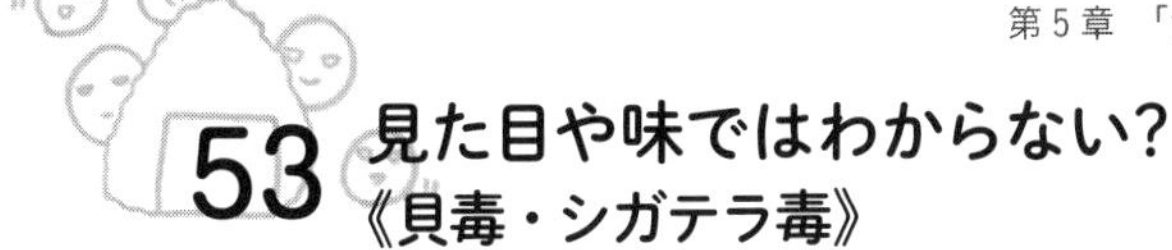

53 見た目や味ではわからない？《貝毒・シガテラ毒》

貝や魚を食べることで起こる食中毒の中には、貝毒やシガテラ毒と呼ばれるものがあります。加熱によっても避けられず、見た目や味も変わらないといった特徴があります。

◎ 潮干狩りで食中毒？

潮干狩りはアサリやシジミ、ミドリイガイ（ムール貝に似た貝）といった貝がとれる手軽な海のレジャーですが、まれに食中毒が発生することがあります。2018年3月には、大阪湾でとったアサリを食べたことで麻痺（まひ）性貝毒の食中毒が発生し、入院者が出ました。これはなぜ発生したのでしょうか。

東京湾や大阪湾では、富（ふ）栄養化*1によりたびたび赤潮が発生します。この赤潮には渦鞭毛藻（うずべんもうそう）をはじめとする有毒なプランクトンが含まれることがあり、量が多いと貝や魚を殺してしまいます。しかし、**貝や魚が死んでしまうほどの濃度ではない場合、その毒素を魚介類が蓄積してしまう**ことがあり、これが**貝毒**と呼ばれています。

*1 富栄養化とは、有機物や窒素化合物が多く含まれる状態をいいます。都市排水などから栄養分が過剰に供給されると、プランクトンが大量発生して海水が赤く見える赤潮になります。

毒が含まれた貝を食べると、「麻痺性貝毒」では手足のしびれ（麻痺）が生じ、重症の場合は呼吸麻痺から死に至ることもあります。貝毒には「下痢性貝毒」もあり、これは水様便をともなう下痢、腹痛、吐き気を催しますが死亡例はないとされています。

貝が毒性を持つ可能性がある場合は、沿岸自治体が採取自粛を呼びかけますので、その期間は潮干狩りを自粛しましょう。なお、漁業者のとる貝類は安全性が管理されているため、市販の貝類で貝毒の被害を受けることはまずありません。

また、商業的な潮干狩りの場合は外部から貝を買ってきて撒(ま)いている場合も多いので、その場合も心配ないでしょう。

◎ シガテラ毒とは

シガテラ毒は主に熱帯でみられるもので、日本では沖縄県でよく発生します。貝毒と同じ渦鞭毛藻が原因ですが、海藻に付着した渦鞭毛藻を食べることで巻き貝や魚（藻食魚）が毒を蓄積し、さらに肉食魚がそれを食べて毒が濃縮される（生物濃縮）ものです。

フエダイのなかま（バラフエダイ、イッテンフエダイ）、ハタのなかま（バラハタ、マダラハタ、アカマダラハタ、アオノメハタ）、イシガキダイ、ドクウツボなどを食べることで発症します。

ドライアイスセンセーションと呼ばれる神経症状が中心で、熱いものを触っても冷たく感じる、掻痒(そうよう)感（かゆみ）や筋肉痛、関節痛、頭痛、消化器症状なども発生しますが、死亡例はまれだといわれています（ただし国外では報告例があります）。

シガテラ毒の被害による回復は遅く、数か月を要することもあるといわれていて注意が必要です。

釣り人の間などでは、冷凍すれば毒が消える、やせていると有毒、色で区別できる、といった俗説もありますが、これらはすべて否定されており、**見かけで区別することは不可能**です。有毒例が報告されている魚は食べないのが一番でしょう。

近年、イシガキダイによるシガテラ毒の報告が本州でもみられるようになりました。また、従来地球温暖化にともなう海水温の上昇により、渦鞭毛藻の分布が北上している可能性などが指摘されています。

◎ 調理で消えない毒

貝毒もシガテラ毒も熱に強く、**加熱しても毒性は消えません**。また、味の変化もないため食べただけでは気づきません。

いままで本州でシガテラ毒が複数報告されているイシガキダイ以外にも、ヒラマサやブリ、カンパチといった一般的な魚でもシガテラ毒による中毒が報告されはじめています。有毒事例については自治体や研究機関が発表を行っていますので、とくに釣りをする人は自分の釣った地域の有毒事例に気をつけ、該当例がある場合は食用を避けるなどの注意が必要でしょう。

54 天然で最強の発がん物質をつくる？《カビ毒》

湿気を好むカビはあちこちに生育していて、人間にも害を及ぼすことがあります。カビ毒の被害を受けないためには、カビの生態をよく知って、カビが生えないようにすることが大事です。

◎ カビは湿気が大好き

日本は温暖で湿度が高いため、カビにとっては天国のようなところです。カビは餅やパン、お菓子などのデンプンや糖を含む食べ物を好みますが、私たちの垢（あか）や衣服、浴室などにも生えます。

カビはいたるところに生息しているので、カビと無縁の生活はできません。カビは味噌やお酒をつくったり、生物の死がいを分解するなどの役に立っている一方で、毒物をつくって病気や中毒の原因にもなっています。カビの毒の種類と、その被害を受けないための注意点を見てみましょう。

◎ がんを引き起こす最強のカビ毒

コウジカビは自然界でもっとも普通にみられるカビで、なかでもオリゼー種（アスペルギルス・オリゼー）は醸造に欠かせません。ところが近縁のフラバス種のコウジカビは、ごく微量で肝臓がんを引き起こす**アフラトキシン**という毒をつくります*1。アフラトキシンにはいくつかの種類がありますが、なかでもアフラトキシン B_1 は**天然で最強の発がん物質**といわれています。

*1　オリゼー種は遺伝子レベルで、アフラトキシンができないことがわかっています。

モザンビークや中国の一部などは、肝臓がんの発生率がとても高いことが知られていますが、その原因はアフラトキシンで汚染された食物だと考えられています。世界的にはトウモロコシや香辛料、ナッツ類でしばしば汚染が見つかっていて、日本でも輸入した米製品などで汚染が報告されています。日本は食料の多くを輸入に頼っているので、アフラトキシンのようなカビ毒で汚染された輸入品を国内で流通させない対策が重要になります。

◎ 日本ではアカカビ中毒に注意

フラバス種のコウジカビは熱帯や亜熱帯に生息しているので、日本の農産物が汚染する可能性はほとんどありません。そのかわり、日本ではアカカビの汚染と中毒がしばしば起こっています。

アカカビはフザリウムともいい、麦が開花して実を結ぶ季節に長雨にあうとアカカビが付着して増殖してしまい、その汚染した麦を食べることで中毒を起こします。**中毒の原因は、デオキシニバレノール、ニバレノールなどのカビ毒**です。小麦粉にこれらのカビ毒が混入してしまうと、パンを焼く温度や時間では分解されません。アカカビは他にもたくさんの種類のカビ毒を産生しますし、湿度が高い環境では長い間生き残るので、食品や野菜、果物を保存する際には十分に注意する必要があります。

◎ 餅にカビが生えたら

餅は、冬に風通しのいい部屋においても、１週間ほどでカビが生えてしまいます。**アオカビ**（ペニシリウム）がもっとも多く、**ク**

ロカビ（クラドスポリウム）や**ケカビ**（ムコール）もしばしば生えます。カビを生やさないためには、カビが増殖できない環境をつくるのが大事で、かつては乾燥させてかき餅や凍(し)み餅（氷餅）、水餅（寒い時期に餅を水につける）にしたのはそのためです。冷蔵庫が普及した今日では、餅を冷凍室に入れて凍らせるのが一番いい保存法です。冷凍すればカビは生えませんし、ポリ袋などに密封して冷凍保存すれば、ずっとおいしく食べることができます。

では、カビの生えてしまった餅はどうしたらいいでしょうか。**肉眼で見てカビがあるところを削っても、菌糸は一見カビがないように見えるところにもはびこっています**。もったいないとは思いますが、カビが生えた餅は食べないほうがいいでしょう。

◎ 浴室の壁、食品や衣類などに生えるクロカビ

クロカビは浴室の壁でよく見る黒いカビで、いろいろな食品や衣類にも生えます。**空気中をただようカビの中でもっとも多いのがクロカビ**で、アレルギー疾患の原因にもなります。浴室では石けんや洗剤を栄養源として生育していると考えられています。お湯のかかるところにクロカビが少ないのは、**30℃を超えると生育できない**からです。

クロカビの殺菌には、アルコールや熱めのお湯で拭(ふ)くのが有効ですが、黒い汚れはとれません。白くするには次亜塩素酸を含むカビ取りを使用します。カビがつかないようにするには、エサになる石けんや垢を入浴後に洗い落とすこと、窓と扉を開け放ってしっかり換気し、湿気がこもらないようにするのが効果的です。

第６章
「病気」を起こす
微生物

55 違いは何？《風邪・インフルエンザウイルス》

風邪とインフルエンザは症状がよく似ていますが、原因はまったく違ったウイルスです。私たちはなぜ、風邪やインフルエンザにたびたびかかってしまうのでしょうか。

◎ 風邪とインフルエンザの違い

風邪は、子どもも大人ももっとも多くかかる病気で、生涯を通して毎年２～５回ほど風邪を引くといわれています。症状には、鼻水や鼻づまり、のどの痛み、咳などがあり、熱や不快感が出るときもありますが軽く、治療しなくても３日から１週間ほどで治ります。

インフルエンザは38℃以上の発熱が急に起こり、頭痛や筋肉・関節の痛みをともなって、不快感も風邪より強く出ます。インフルエンザの症状はつらいものですが、通常は１週間程度で治ります。下の表は、風邪とインフルエンザのそれぞれの症状です。

症状	普通の風邪	インフルエンザ
発熱	まれ	一般的（39～40℃）で突然始まる
頭痛	まれ	一般的
一般的な不快感	わずか	一般的：しばしば非常に重くなり、ついには衰弱する
鼻水	一般的（ありふれている）	やや一般的（ありふれた症状ではない）
のどの痛み	一般的（ありふれている）	かなりすくないが一般的には痛みがある
嘔吐もしくは下痢	まれ	一般的

出典：Brock『微生物学』オーム社(2003年)p.946の図を一部改変

◎ 私たちはなぜ、たびたび風邪を引くの？

風邪の原因はウイルスです。**ライノウイルス**の感染が風邪の半分ほどを占めていて、これまでに100以上の型があることがわかっています。その次に多いのが**コロナウイルス**で、風邪の原因の15%ほどを占めます。そのほか、アデノウイルスやコクサッキーウイルス、オルソミクソウイルスなども風邪を引き起こします。**風邪の原因になるウイルスは200種以上ある**といわれていて、**感染したものに対する免疫はできても、未感染のウイルスがたくさん残っている**ので、私たちは何度も風邪を引きます[*1]。

風邪は自然に治る病気です。風邪の治療は対症療法しかなく、休養、保温と保湿、栄養をとることが大切です。風邪の際に検査を行うのは、ほかの重い病気を鑑別するためです。風邪の症状が1週間以上も続いたり、いったんは軽くなったがまた悪化したり、38℃以上の発熱になった場合などは、再度の受診が必要です。

風邪の症状がつらいときには、それを軽減するための薬が処方されます。**風邪の原因はウイルスなので、抗生物質は効きません**。抗生物質を投与しても早く治らないし、副作用や耐性菌（抗生物質が効かない細菌）が出現するなどの有害な問題が起こるため、風邪には抗生物質を使いません。

◎ インフルエンザは全身病

インフルエンザは、足もとからの寒気や膝から太股にかけて不快感、そして39℃を超えるような急な発熱といった症状からし

*1 歳をとると風邪を引きにくくなるのは、感染したことがあるウイルスの免疫ができるためです。

ばしば始まります。四肢の筋肉やあちこちの関節の痛みが続き、不快感はだんだん強くなっていきます。このとき、インフルエンザウイルスは気道（鼻からのどにかけての空気の通り道）の粘膜の上皮細胞に広く感染を起こしています。その2～3日前に、おそらく感染の機会があったはずです。

インフルエンザでこうした様々なつらい症状が起こるのは、ウイルス感染に対して免疫系が総動員されて死力をつくして戦っていること、そして、この戦いに連動してホルモンの分泌異常や代謝障害、ストレス性反応などが起こっているからです。つまり「インフルエンザは全身病である」ということができるのです。

◎ インフルエンザウイルスは新しい種類が簡単に生まれる

インフルエンザウイルスは一本鎖のRNAウイルスです。そのため、もともとDNAウイルスよりも変異しやすいのですが、インフルエンザウイルス遺伝子の特別な構造*2がさらに変異を起こしやすくしているため、新しいウイルスが簡単に生まれてしまいます。このことがワクチン接種によるインフルエンザの予防を困難にしています。

インフルエンザワクチンは、症状が出るのを防げなくても「高齢者や病気で衰弱している人が重症化するのを防いで、生きのびることを可能にしている」といわれています。今後はより“効きがいい”ワクチンの開発も期待されます。

*2　遺伝子が8個の部品に分かれており、そのひとつずつが他のウイルスの部品と簡単に入れ替わることができます。

◎ 加温と加湿がインフルエンザの感染をおさえる

インフルエンザが冬になると流行するのは、気温と湿度が低いことが原因だといわれていますが、本当はどうなのでしょうか。気温と湿度を変えて、インフルエンザウイルスの生存率を調べた実験では、気温が20～24℃でも湿度が低ければウイルスの生存率は低くならないことがわかりました。つまり、**寒さは必ずしもウイルスの生存率に関係しない**のです。

実は、ウイルスの生存率に密接な関係があるのは、絶対湿度[*3]であることがわかっています。絶対湿度の変化と気温の変化のようすがとても似ているので、寒さがウイルスの生存率と相関しているように見えたのです。下の図は、兵庫県内の2か所で調べた結果です。

部屋の中の暖房と加湿によって絶対湿度を高くすれば、インフルエンザウイルスの感染力を弱めることができます。

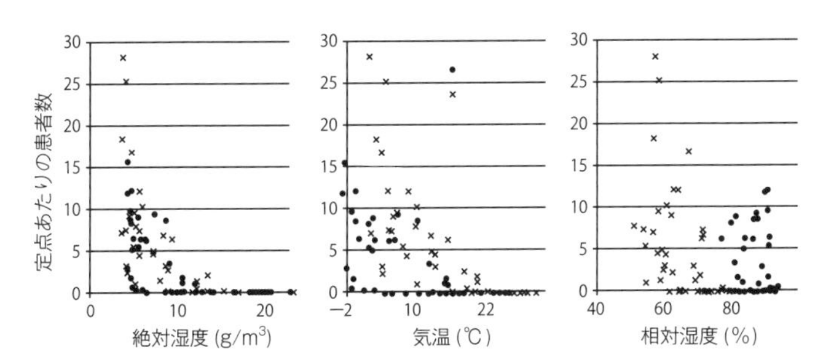

定点あたりのインフルエンザ患者数と絶対湿度・気温・相対湿度の関係

出典：植芝亮太ら「学校薬剤師業務における絶対湿度利用の提言」
YAKUGAKU ZASSHI Vol.133, No.4, pp.479-483(2013) の図を一部改変

*3 絶対湿度は、1立方メートル（m³）の空気中に含まれる水蒸気量をグラム(g)単位で表したものです。

56 今も世界で毎年数百万人が死亡している？《結核菌》

結核はかつて「国民病」ともいわれ、日本での死亡原因の第1位でした。薬によって治るようになりましたが、耐性菌の出現などで、結核は「過去の病気」にはなっていません。

◎ 結核って何？

結核は、結核菌という細菌が原因で起こる病気です。結核菌を発見したのはローベルト・コッホで、1882年のことでした[*1]。

かつて結核は、人類にとってもっとも重要な感染症といわれ、世界中で死亡原因の7分の1を占めていました。日本でも**1950年まで死亡原因の第1位が結核**であり、「国民病」ともいわれました。結核のために若くして亡くなった人も多く、樋口一葉は24歳、石川啄木は26歳、正岡子規は34歳でこの世を去りました。

70年くらい前までは「不治の病」といわれていた結核ですが、抗生物質の**ストレプトマイシン**が1944年に発見され、化学療法剤が次々と生み出されて「治る病気」になり、患者数は減少していきました。それでは結核は過去のものになったのでしょうか。決してそうではなく、世界では毎年約300万人が結核で亡くなり、全死亡原因の5%を占めています。日本でも毎年約2万人の新たな患者が発生し、2000人ほどの方々が亡くなっています。

*1 世界保健機関（WHO）は1997年、結核菌を発見した日にちなんで、3月24日を世界結核デーに制定しました。

◎ 肺結核がもっとも多いが、様々な臓器が結核菌に冒される

結核を発病している人が咳やくしゃみをすると、結核菌が飛沫（しぶき）に含まれて飛び散り（このことを「排菌」といいます）、それを他の人が吸い込むと「感染」が起こります。感染したあとに、結核菌が肺などの臓器の中で活動を始めて、菌が増殖して体の組織が破壊されていくことを「発病」といいます。感染した人の大部分は発病せず、**発病するのは1割ほど**です。

肺で結核が発病すると、広範囲にわたって組織が破壊され、呼吸する力が低下していきます。治療しないでおくと、肺出血や喀血、窒息などが起こり、結核菌は体のいたるところに拡散していって、高い頻度で死に至ってしまいます。

一方、発病に至らない場合には、感染は局所にとどまります。多くの場合は体の抵抗力によって結核菌は追い出されますが、菌がしぶとく体内に生き残ることもあり、この場合には免疫系の細胞が結核菌を取り囲んだ「核」をつくります。結核という名前は、この「核」からきています。

◎ 産業革命が肺結核の大流行をもたらした

イスラエル沖に埋まっていた9千年前の女性と子どもの2体の骨から、2008年に結核の痕跡が発見されました。また、1972年に発見された中国・馬王堆漢墓（紀元前168年）からも、埋葬された女性のミイラで結核の病変が見つかっています。古くから人類は結核に苦しんできたようですが、大流行が起こるようになった

のは近代になってからです。

18世紀にイギリスで産業革命が始まると、都市に人口が集中していき、労働条件は苛酷に、住環境も非衛生的で劣悪なものになっていきました。こうしたことが背景となり、イギリスで結核が大流行するようになりました。ほかの国へ産業革命が広がっていくと、結核もまたイギリスから世界に拡大していきました。

日本でも明治期に都市化が進み、工場が近代化される中で、イギリスと同じように結核が流行するようになっていきました。富国強兵策のなかで苛酷な労働を強いられ、多くの若い女性たちが結核に倒れて亡くなっていったことは、「女工哀史」(1925年)、「あゝ野麦峠」(1968年) などでよく知られています。

◎ IGRA検査で感染が、X線撮影や細菌検査で発病がわかる

結核の検査には、周囲で結核患者が発生した場合などの「感染」の検査と、疑わしい症状がある場合の「発病」の検査があります。

感染の代表的な検査は、IGRA(抗原特異的インターフェロン-γ遊離検査)です。結核菌に対する特異性が高いので、BCG(子どものときに接種する結核のワクチン)には反応しません。IGRA検査が陽性であれば、結核感染の可能性が高いことを意味します。ツベルクリン反応は、陽性であっても結核感染によるのかBCGの影響なのかが判別できないので、今ではあまり行われていません。

結核を発病しているか否かは、X線を使った画像診断や細菌検査で判定されます。胸のX線撮影を行って疑わしい影があるときは、CTスキャンなどの精密検査を行います。喀痰(かくたん)検査で、結

核菌を排菌しているか否かがわかります。結核菌は増殖が遅いので、培養して検査をするのに何週間もかかってしまいます。そのため、菌の遺伝子を増幅して検査する方法が開発され、最近では数時間で判定できるようになりました。

結核の初感染からかなりの年数がたってから、外部からの再感染や、肺の中で免疫系の細胞がおさえ込んでいた菌が再活性化することにより、結核が発病することがあります（二次結核症、または再燃）。老化や栄養不足、過労、ストレス、ホルモンバランスの崩れなどが二次結核症の要因になります。肺への感染が再び起こると、慢性的な感染に進行していくことが多く、肺の組織が破壊されていきます。その後に一時的に回復しても、感染した部位は石灰化して残ります。

◎ 薬をきちんと飲むことが大事

結核は、薬を飲むことによって治すことができます。大事なことは、医師の指示を守って薬をきちんと飲むこと、治療が完了するまで薬を飲み続けることです。

結核はいまでも多くの人の命を奪っているのは、なぜでしょうか。その原因のひとつが、**抗結核薬が効かない「耐性菌」が現われてきた**ことです。治療の途中で薬をやめたり、指示された通りに薬を飲まなかったりすると、結核菌が薬に耐性を持ってしまうことがあります。結核の治療は長期間にわたりますが、耐性菌を生んだりしないように、薬をきちんと飲み続けることが重要です。

57 DNA遺伝子説を証明した？《肺炎球菌》

DNAが遺伝子の本体であることは、今から約70年前に明らかになりました。その研究で主役を演じたのが、肺炎の原因になる「肺炎球菌」という細菌です。

◎ 肺炎とは？

肺炎は、細菌やウイルスなどによって起こる、肺に炎症を起こす病気です。細菌やウイルスが鼻や口から侵入しても、健康な人はのどでブロックできますが、風邪を引いたり免疫のはたらきが弱くなっているときは肺に侵入してしまい、そこで炎症を起こすのです。

肺炎にかかると咳や痰（たん）が出て、ぜいぜいと声を出しながら息をしたり、呼吸するのが苦しくなります。高齢者の肺炎は、あまり目立った症状がなく、気がつくと重篤な状態になっていることがあるので注意が必要です。肺炎は日本人の死亡原因の3位になっており*1、年齢別では80歳以上で3位、1～4歳、65～79歳では4位です。

肺炎は、原因となる微生物によって、細菌が原因で起こる「細菌性肺炎」、ウイルスが原因で起こる「ウイルス性肺炎」、マイコプラズマやクラミジアなど、細菌とウイルスの中間的な性質を持つ微生物が原因で起こる「非定型肺炎」の3つに分類されます。

*1　1位は悪性腫瘍（がん）で、2位は心疾患です。

　肺炎で入院した患者の原因微生物を調べた論文によれば、下図のように肺炎球菌が全体の４分の１を占めてもっとも多く、肺炎球菌が原因の肺炎は重症になる場合が多いこともわかりました。

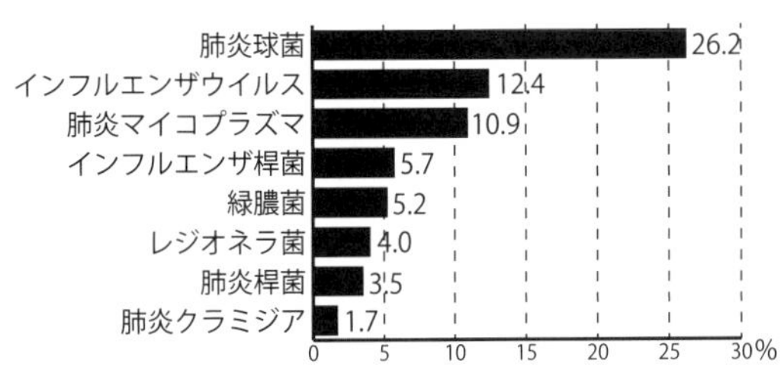

肺炎で入院した患者652例のうち、401例（61.5％）で原因微生物が明らかになり、複数病原体感染が82例（12.6％）ありました。グラフは原因微生物を頻度の高い順に並べています。

肺炎で入院した患者の原因微生物

出典：高柳昇ら「市中肺炎入院症例の年齢別・重症度別原因微生物と予後」日呼吸会誌，Vol44, No.12, pp906-915(2006) から作成

◎ 肺炎球菌はどんな細菌なのか

　細菌は下図のように、細胞の形態によって「球菌」、「桿菌」、「らせん状菌」などに分類されます。肺炎などの原因となる球菌なので、「肺炎球菌」と呼ばれているわけです。かつては「肺炎双球菌」ともいわれていました。

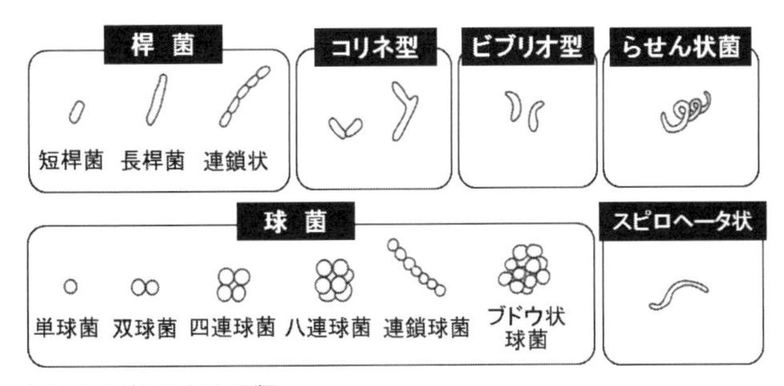

細菌の形態による分類

出典：青木健次編著『微生物学』p.31, 化学同人 (2007)

肺炎球菌は肺炎のほか、しばしば中耳炎の原因にもなり、髄膜炎や敗血症といった重い病気も引き起こします。健康な人、とくに子どもの上気道（鼻からのどへの空気の通り道）に定着しやすいので、風邪を引いたり免疫のはたらきが弱くなっているときに肺炎を起こしたり、保育所や家庭内で兄弟・親子の間に広がることがあると考えられています。また、インフルエンザに感染したあとに起こる肺炎では、肺炎球菌がもっとも重要な原因のひとつといわれています。1980年代後半からはペニシリン耐性の肺炎球菌が増えていて、複数の抗生物質が効かない多剤耐性菌も世界的な問題になっています。

肺炎球菌による肺炎は、しばしば重い後遺症を残し、命を失うこともあります。

◎ 肺炎球菌の実験で、遺伝子の本体がDNAであると証明

肺炎球菌は、遺伝子の研究において重要な役割を果たしたことでもよく知られた細菌です。

今から100年近く前の1923年、イギリスのグリフィスは肺炎球菌の培養に成功して、コロニー（肉眼で見える微生物の集団）の表面が滑らかなＳ型と、ざらざらしたＲ型の２つのタイプがあることを発見しました。この違いは、細胞表面に「莢膜（きょうまく）」（ゲル状の粘液物質で細胞の周りを取り囲む膜）があるかないかによるものでした。病原性は、莢膜を持つＳ型にしかないので、右図のようにＳ型を注射したマウスは肺炎で死にますが、Ｒ型を注射しても肺炎にはならないのでマウスは死にません。

グリフィスは次に、病原性のあるS型の菌を熱処理（60℃）し、病原性のないR型と一緒に注射しました。するとマウスは、肺炎になって死んでしまいました。マウスの中でR型がS型に変わってしまったのです。しかも、いったんS型に変わった肺炎球菌は、細胞分裂をくり返してもS型のままでした。つまり、遺伝的な形質が変化（「形質転換」といいます）してしまったのです。

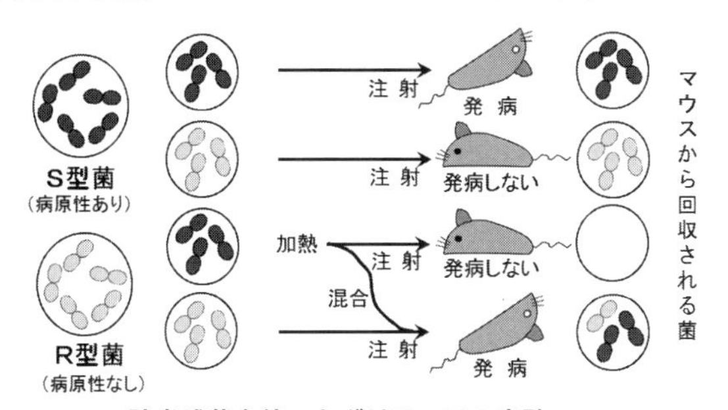

肺炎球菌を使ったグリフィスの実験

この研究を、さらに前に進めたのがアメリカのエイブリー（アベリーと書かれた教科書もあります）です。彼は形質転換を起こす物質が何なのかを、10年の歳月をかけて追い求めました。

エイブリーは開発されたばかりの遠心分離器を使って形質転換物質を大量に抽出し、DNA、RNA、タンパク質をそれぞれ分解する酵素で処理しました。その結果、DNA分解酵素で処理すると形質転換の活性が失われ、RNA分解酵素やタンパク質分解酵素で処理しても活性は失われないことがわかりました。

このようにして1944年、遺伝子の本体がDNAであることがついに証明されました。その研究の主役が肺炎球菌だったのです。

58 妊婦がかかると障害児が生まれる?《風しんウイルス》

風しんは軽い症状だけで治ることが多いのですが、妊娠中の女性が感染すると赤ちゃんが難聴などになることがあります。ワクチン接種でその可能性を大きく減らすことができます。

◎ 風しんって何?

風しんは、風しんウイルスによって起こる病気です。ウイルスを吸い込むと2～3週間の潜伏期間ののちに発病し、主な症状は発しん、発熱、リンパ節の腫(は)れです。風しんウイルスに感染しても、明らかな症状が出ないままに免疫ができてしまう(不顕(ふけん)性感染)人が、子どもで約50%、大人で約15%あるといわれています。

子どもが風しんにかかっても、ほとんどの場合、症状は軽くて済みます。ただ、2000～5000人に1人くらいの割合で、脳炎や血小板減少性紫斑(しはん)病などの合併症を起こすことがあります。

◎ 最大の問題は「先天性風しん症候群」

妊娠中の女性が風しんにかかると、胎児が風しんウイルスに感染してしまい、難聴や白内障、心疾患などの障害を持った赤ちゃんが生まれることがあります。これらの障害を**先天性風しん症候群(CRS)**といい、**妊娠12週までに起こる可能性が高い**ことがわかっています。アメリカでは1964年に、2万人ものCRSの子どもが生まれて、大きな社会問題になりました。

アメリカ占領下での沖縄で、それから半年ほど遅れて風しんが流行し、翌1965年に408人のCRSの子どもが生まれました。その子たちの大半は難聴だったので、中学生になった1978年から6年間、北城(きたしろ)ろう学校が開設されました[*1]。

◎ ワクチンで予防が可能

1962年の風しんウイルスの分離、1963～65年の風しんの世界的な大流行が発端となり、1960年代の後半からワクチンの開発研究が進められて、安全で効果の高い弱毒生ワクチンがつくられました。

日本では、1995年から1～7歳半と中学生の男女が定期接種の対象になり、2006年からは生後12～24か月の子（第1期）と、5歳以上7歳未満で小学校就学前1年間の子（第2期）に、麻(ま)しん風しん混合ワクチン（MRワクチン）が定期接種で行われています。風しんワクチンを1回接種した人に免疫ができる割合は約95%、2回接種した人は約99%と考えられています。

風しんの予防接種を受けたことがない人は、なるべく早く受けることが望まれます。男性が風しんにかかると、近くにいる妊娠中の女性にうつしてしまい、赤ちゃんがCRSになる危険性があります。ですから男性も、風しんの予防接種を受ける必要があるのです。

予防接種の詳細や生年月日ごとの接種状況は、厚生労働省ホームページ「風しんについて」を、風しんの発生動向は国立感染症研究所ホームページの「風しん最新情報」をご覧ください。

*1 北城ろう学校を舞台にした『遥かなる甲子園』（戸田良也、1987年）が有名です。野球部をつくったろう学校の子どもたちが、大会に出ようと県高校野球連盟に申請し、3年生のときにそれが認められて県予選に出場を果たしたという、苦難と苦闘を描いたノンフィクションです。

59 中世ヨーロッパで約３割の人が死亡した？《ペスト菌》

ペストは、ペスト菌を持ったノミがネズミに寄生して広がります。人の移動にともなって感染が爆発的に拡大し、ペストの大流行は人口を急減させて社会にも大きな影響を与えてきました。

◎ ペストって何？

ペストの世界的流行は、マラリアに次いで多くの人々の命を奪ってきました。最大規模の流行が起こった**14世紀には、ヨーロッパの人口の25～33%がペストによって死亡した**と推定されています。こうした大惨禍は起こらなくなったものの、過去の病気になったわけではなく、2010～15年に世界で3248人がペストを発病して584人が亡くなっています。敗血症ペストや肺ペストはとくに深刻で、肺ペストは治療しないとすべて死に至ります。

◎ もっとも古い生物兵器だった？

ペストを引き起こすのは**ペスト菌**で、**ネズミノミ**によって伝播します。ノミは感染した動物から吸血してペスト菌をとり込み、菌はノミの腸内で増えて、ノミが次に刺した動物にペスト菌が感染します。ネズミノミは家ネズミに寄生し、人間を好んで吸血するので、ヒトペストの流行に大きくかかわってきました。

中世のペスト大流行は、軍事行動が引き金になりました。11～12世紀に十字軍は、クマネズミをペスト菌とともに船でヨーロッパに持ち込み、ペストを大流行させました。14世紀の大流行の背景にはモンゴル軍の大移動があり、軍と一緒にクマネズミもヨーロッパに移動しました。**ペストはもっとも古い生物兵器だった可能性**があり、モンゴルがクリミアを攻撃した際にもペストで亡くなった遺体を敵の城に放り込んだといわれています。

ペストの大流行は社会に大きな影響を与えました。農村では人口の急減のため、労働集約的な穀物栽培から人手のかからないヒツジの放牧への転換が進み、農民の地位も向上していきました。イギリスでは11世紀のノルマン人征服以後、フランス語で教育が行われてきましたが、ペストで多くのフランス語教師が亡くなったので、自国語の英語での教育が盛んになっていきました。

◎ すばやい診断が不可欠

ペスト菌が体に入るとリンパ管を移動して、リンパ節に横痃(おうげん)と呼ばれる腫(は)れを起こします(腺ペスト)。ペスト菌が血流で全身に広がると**敗血症ペスト**になり、多くは診断される前に亡くなります。ペストを**「黒死病(こくしびょう)」**と呼んだのは、敗血症になると無数の出血で皮フに黒い斑点が現れるからです。ペスト菌を吸入して肺に入るか、腺ペストから菌が肺に到達すると、**肺ペスト**になります。**治療しないと2日以上生存できる可能性は低く、肺ペストの患者は即座に隔離しないと、感染は急速に拡大します**。

ペストは迅速に診断されれば治療は可能で、一般的にはストレプトマイシンなどの抗菌剤が投与されます。動物が持つ病気としてのペストは、オセアニア以外の全大陸で発見されています。

60 人類の進化にまで影響した?《マラリア原虫》

今も年間１億人以上が感染しているマラリア。アフリカなどの流行地では、もともとは生存に不利な遺伝子がマラリア抵抗性のため有利になって、人の進化にまで影響を与えてきました。

◎ マラリアって何？

マラリアは、**マラリア原虫**という原生動物によって起こる感染症で、**蚊が媒介**します。今なお重大な病気であり、世界で１億人以上が感染していて、毎年100万人以上が亡くなっています。

太平洋戦争では日本軍がマラリア対策をとらなかったため、ガダルカナルで１万5000人、インパール作戦で４万人、ルソン島で５万人以上がマラリアで亡くなりました[*1]。

人に感染するマラリア原虫には４種類あり、もっとも広範囲に広がっているのが**三日熱マラリア原虫**、もっとも深刻な症状を起こすのが**熱帯熱マラリア原虫**です。この寄生虫は、一生の一部を人の中で、一部を蚊の中で過ごします。**マラリアを伝播するのはハマダラカ属の雌だけ**で、気温の高い地域に生息しているため、マラリアは主に熱帯や亜熱帯地域で起こります。マラリアは低湿地帯で多く発生するので、かつては悪い空気のせいで起こると考えられ、病名もイタリア語の「悪い空気」(mala aria) に由来しています。

*1 報告制度ができてマラリア患者数がわかるようになった明治以降、本州では福井・石川・富山・滋賀・愛知で患者が多く、福井県では大正時代に毎年9000～２万2000人の症例が報告されました。

◎ 人間の遺伝子にも影響

マラリアが何千年も前から流行していたと考えられるアフリカでは、ヘモグロビン[*2]に異常のある人がマラリア抵抗性を持っていることが知られていて、**鎌状赤血球貧血症**(かまじょう)もそのひとつです。鎌状赤血球貧血症は貧血や呼吸困難を起こすため、自分自身の生存には不利になるのですが、赤血球が脆弱なため、マラリア原虫が侵入すると破壊されて溶血してしまい、原虫は増殖できません。このように**マラリア抵抗性を持つため、生存に不利な遺伝子を持つ人が、流行地では逆に生存の確率が高くなった**のです。

マラリアは、人類の生存にとって重要な遺伝子に対する選択者として、進化に大きな影響を及ぼしてきました。

同様のものに主要組織適合性抗原(MHC)遺伝子があります。マラリアが多い西アフリカでは特定のMHC遺伝子を持つ人が一般的ですが、他の地域ではほとんど見つかりません。このMHC遺伝子からつくられるタンパク質は、マラリア抗原に強力な免疫反応を引き起こすので、マラリア原虫の感染に対する耐性が高くなります。

結核菌やペスト菌も人の進化に影響を与えていると考えられていますが、マラリアのようにはっきり確認されていません。

◎ マラリアの予防法

世界保健機関(WHO)の推計では、世界の100か国ほどでマラリアが伝播しています。日本から海外への旅行者は増え続けていて、マラリアの流行地に旅行する人もかなりの人数にのぼります。

*2 ヘモグロビン(Hb)は赤血球に含まれる赤色のタンパク質で、酸素を運搬しています。鎌状赤血球貧血症の人はHbのタンパク質が突然変異で異常になっていて、赤血球の形が鎌状になり、酸素の運搬能力が低下します。

マラリアの予防対策は、①マラリアを発症するリスクの認識、②防蚊対策、③予防内服、④早期診断と治療、の４つです。

① マラリアを発症するリスクの認識：国や地域によって、４種のマラリア原虫のどれが流行しているか、薬剤耐性の状況はどうかということが異なります。旅行する際には、マラリアの流行状況に加え、マラリアのタイプや薬剤耐性を調べておきましょう。

② 防蚊対策：マラリアはハマダラカが媒介していますから、この蚊を防ぐことがマラリア対策の基本になります。**長袖や長ズボンを着用して肌の露出を少なくし、虫よけの薬も使います**。蚊帳を使うことも、蚊を防ぐうえで有効です。

③ 予防内服：マラリアの流行地に行く際は、①と②の予防対策に加えて、予防薬を内服します。熱帯熱マラリアの流行地や、マラリアを発症しても医療を受けられない地域に行く際は、予防内服がとくに大切です。ただし、**100％予防する薬はない**こと、予防薬には副作用もあることに注意が必要です。

④ 早期診断と早期治療：熱帯熱マラリアは短期間に重症化し、死亡する可能性も高いため、**マラリアは早期診断と早期治療がきわめて重要**です。ただ、日本国内では限られた医療機関しか診断と治療ができないのが現状です。

61 エアコンが原因で死亡することもある？《レジオネラ菌》

レジオネラは温泉施設や24時間風呂からしばしば見つかり、重い肺炎を引き起こします。汚染を防ぐために、水温管理などレジオネラの増殖を防ぐ対策が大切です。

◎ 私たちと一緒に生活している「環境常在菌」

私たちの身のまわりには、いろいろなところに多種多様な微生物がひっそりと生きていて、それらは**環境常在菌**と呼ばれています。人は生活の利便性を高めるために、生活空間に様々な人工的な環境をつくってきましたが、水を利用する施設もそのひとつです。そうした施設はしばしば、環境常在菌にとっても恰好なすみかとなり、そこで大量に繁殖して健康に重大な問題を起こすことがあります。レジオネラという細菌が引き起こす病気もそうです。

◎ アメリカでの集団感染事件をきっかけに発見された

レジオネラが見つかったのは、それほど昔のことではありません。1976年７月、アメリカ・フィラデルフィアのホテルで在郷軍人会の年次総会が行われ、4000人以上が参加しました。この中から高熱や悪寒、極度の衰弱、重い肺炎を示す患者が次々と発生しました。ホテル周辺の通行人からも患者が出て、ついには221人が罹患して、34人が亡くなりました。

アメリカ疾病予防センター（CDC）はその原因を調査したもの

の、それまでに知られていた細菌、ウイルス、化学物質はすべて否定されました。その後、亡くなった患者の肺の組織から、原因となる未知の細菌が見つかりました。菌には、在郷軍人会（legion）にちなんでレジオネラという名前がつけられ、この菌が引き起こす病気は在郷軍人病（レジオネラ肺炎）と名づけられました。

感染経路については、空調用冷却塔の水がレジオネラに汚染され、そのエアロゾル[*1]がホテルの中に流れ込んで、ロビーなどに居合わせた人たちが吸い込んでしまったことが原因だと推測されました。日本では、下のような集団感染事件が起こっています。

日本でのレジオネラ症の集団感染事件

・宮崎県日向市の新設温泉施設での集団感染
日向市のサンパーク温泉で1992年6月20日から7月23日までの入浴者1万9773人のうち295人がレジオネラ症を発症し、7人が死亡した。浴槽水中に遊離塩素が検出されないなど衛生管理が不適切で、オープン後間もない施設にもかかわらず、浴槽水をはじめ、ろ過装置のろ材、配管のあらゆる場所からレジオネラが高濃度で検出された。

・慶応大学病院新生児室での集団発生
新生児室に収容された新生児3人が、1996年1月11日から2月12日までの間にレジオネラ肺炎を発症し、1人が死亡。新生児室の貯水槽、温水タンクを経由した水（温水道蛇口、シャワーヘッド、加湿器、ミルク加湿器）などからレジオネラが検出された。

出典：岡田美香ら，感染症学雑誌，Vol.79, No6.pp.365-374(2005)：斎藤厚，日本内科学会雑誌，Vol.86, No.11,pp.29-35(1997)

◎ 自然界では数が少なく分裂も遅い

レジオネラは本来、土壌や河川、湖などの自然環境に広く分布する環境常在菌で、一般にはその菌数は少なく、大腸菌に比べて分裂速度がきわめて遅い（培養下でレジオネラは4～6時間に1回、大

*1　エアロゾルは、空気中をただよっている微小な液体や固体の粒子です。
*2　この発見が契機になって、以前に原因不明の発熱で保存されていた患者の血清を調べたところ、すでに1965年頃からレジオネラの集団感染があったことが明らかになりました。

腸菌は15～20分に1回）ことが知られています。

ところが空調用冷却塔や循環式浴槽などでは、温かい水が装置内でくり返し循環して使用されるため、様々な細菌や原生動物が生息する**バイオフィルム**（微生物によって器具などの表面に形成される粘質状や寒天状の膜状構造物）ができやすく、レジオネラの繁殖に必要なアメーバや微細藻類などの共生微生物の恰好の繁殖の場になっています。こうしたことから、分裂が遅いレジオネラにも繁殖に必要な時間と環境ができてしまうのです。

世界でのレジオネラ症の発症頻度は、**空調用冷却塔と浴槽などの給湯系**がもっとも多く、土壌細菌であることから、土ぼこりや園芸用培養土からの感染も報告されています。

◎ 肺炎は重症に

レジオネラに感染して発症する病気には、レジオネラ肺炎とポンティアック熱があります。以下がその特徴です。

▼レジオネラ肺炎

悪寒・高熱・全身倦怠感・筋肉痛などのあと、数日のうちに乾いた咳・喀痰・胸痛・呼吸困難などがみられるようになり、進行は急で、重篤な場合は呼吸不全で死亡する。

▼ポンティアック熱

発熱が主症状で、悪寒・筋肉痛・頭痛・軽い咳がみられるが、肺炎はともなわない。多くは5日以内に無治療で回復し、死亡例はない。集団発生しない場合は、ポンティアック熱を疑うことは難しい。

レジオネラ肺炎は、初期には他の肺炎と症状に大きな違いがないため、臨床検査で確定診断が必要になります。**レジオネラ肺炎の病勢は進行が速く、治療が遅れると致命的になる**ため、この病気が疑われた時点で抗生物質の投与が始まります。治療は抗生物質のほかに、酸素療法や呼吸補助療法、場合によってはステロイドホルモンの短期大量療法が行われます。**発症から５日以内に治療が始まれば、ほとんどが救命できる**ことがわかっています。

◎ レジオネラによる汚染を防止する対策

レジオネラは**温泉施設や家庭の 24 時間風呂**から高確率に検出され、病院の新生児室やサウナの給湯系の汚染による感染もみられています。水道水は残留塩素濃度が蛇口で 0.1ppm（mg/L）以上であれば安全とされていますが、加温して貯湯すると塩素が蒸発してしまうので菌は増殖できます。ビル給湯系は、エネルギーの節約や火傷をしないためにボイラーの設定温度を低くしているところが多く、増殖を可能とさせています。アメリカ CDC の院内感染防止ガイドラインは、飲料水の温度は末端の蛇口で 50℃以上・20℃未満、温水の残留塩素濃度は１～２ppm と規定しています。

レジオネラ汚染を防ぐためには、増殖の場所となるバイオフィルムができにくい材質の選択､局所的な水の停滞が起きない構造、ちりなどが入りにくい換気設備、レジオネラが増殖可能な 20 ～ 50℃以外での温度保持などを行う必要があります。バイオフィルムが形成する時間を与えない頻度での清掃も求められます[*2]。

*2　バイオフィルムができてしまうと、消毒剤が中に入りにくく、レジオネラが寄生するアメーバも消毒剤へのバリアになってしまいます。

62 薬剤治療で長期生存が可能に？《ヒト免疫不全ウイルス》

HIV感染症は世界の三大感染症のひとつです。約100万人が毎年、エイズで死亡していますが、治療薬をきちんと飲めば、エイズを発症しても亡くなることが防げるようになりました。

◎ エイズを起こすウイルスって何？

1981年にアメリカで、免疫のはたらきがひどく低下して日和見(ひよりみ)感染症（通常の免疫反応を持つ人間ではほとんどみられない感染症）を起こす奇妙な病気が見つかりました。とくに多かったのが、真菌類のニューモシスチス・カリニによって起こる肺炎でした。次々と同じような病気が報告され、アメリカ疾病予防センター（CDC）は**後天性免疫不全症候群（AIDS(エイズ)）**と命名しました。

エイズは男性同性愛者や薬物静脈注射の常用者に多いことがわかり、血液製剤を使っていた血友病患者にも多くみられました。血液や体液とエイズ感染の因果関係から感染経路が次第に明らかになっていき、ついに1983年、フランスのモンタニエらがエイズ患者から原因となるウイルスを発見しました。そのウイルスを、**ヒト免疫不全ウイルス（HIV）**といいます。

◎ 年間100万人が死亡

世界中でHIV感染者は、2016年末現在でおよそ3670万人と推定されています。年間180万人が新たに感染し、エイズによって100万人が死亡しています。そのためHIV感染症は、結核、マラリアとともに世界の三大感染症といわれています。

その一方で、世界の新規HIV感染者数は徐々に減り始めており、2016年の死亡者数は2010年より50万人減っています。治療薬や治療方法の進歩で、HIVに感染した人の予後は飛躍的によくなってきています。発展途上国にも治療薬を行きわたらせようという運動が広がった結果、2010年と2016年の比較で、感染者のうち治療を受けている人の割合は23%から53%に増加し、子ども（15歳未満）の新規感染者も30万人から16万人に減少しました。

日本では毎年1500人前後の新規感染者とエイズ患者が発生していて、2016年には累計で2万7000人を突破しました。日本ではいまだに、新規感染者数の減少傾向がみられていません。

◎ HIVに感染したあとにたどる経過

HIVに感染すると、急性感染期→無症状期→エイズ期という経過をたどっていきます。

▼急性感染期

感染したHIVはリンパ組織で急速に増殖し、感染後１～２週間で血液１ミリリットルあたり100万ものウイルスがある状態（ウイルス血症）になります。発熱、発しん、リンパ節の腫(は)れなどが約半数の患者で起こります。この時期に診断できれば、その後の治療や経過が圧倒的に有利になります。

▼無症状期

HIV に対する特異的な免疫反応によってウイルス量は減少し、増殖するウイルスとそれをおさえ込もうとする免疫系が拮抗するため安定した値になります。この状態は数年から 10 年ほど続きます。この間は、ほとんど症状がないまま経過します。

▼エイズ期

HIV の標的になるのは、CD4 というタンパク質を表面に持ったリンパ球（CD4 リンパ球）です。HIV 感染がさらに進行すると CD4 リンパ球が急激に減少し、1 ㎜^{3} 当たり 200 個を下回るとカリニ肺炎などの日和見感染症を発症しやすくなり、50 個を切るとサイトメガロウイルス感染症や非定型抗酸菌症を起こすようになります。これらは普通の免疫状態ではほとんどみられないもので、この状態が後天性免疫不全症候群（エイズ）です。

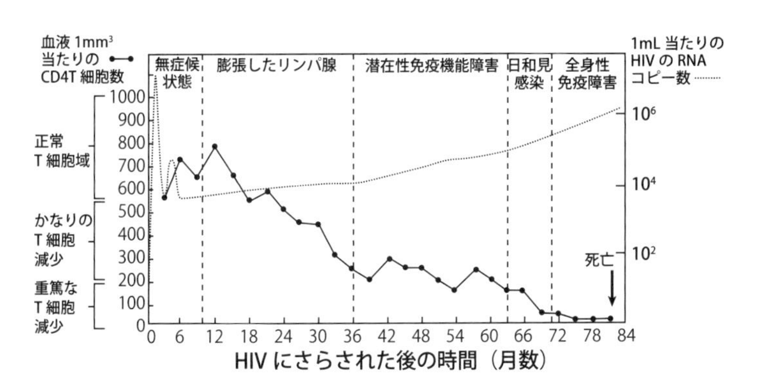

CD4 リンパ球の減少と HIV 感染の進行

出典：Brock『微生物学』オーム社 (2007 年) p.961 の図を一部改変

◎ エイズ治療薬の内服は 100%が目標

現在では、**抗 HIV 薬をきちんと飲んでいれば、ウイルス量を測定感度以下におさえ込むことができ、エイズに至ることはほとんどなくなりました**。しかし、治療を中断してしまうと、どんなに長期間ウイルス増殖を抑制できていても、たちまちウイルスの活性化が起こって CD4 リンパ球が減少し、エイズを発症してしまいます。**抗 HIV 薬の内服は 100%を目指すことが大事**です。抗 HIV 薬が 80 ～ 90%しか内服されないと、血中の薬物濃度が低くなってウイルス増殖が起こり、耐性ウイルス出現のリスクが高まります。

薬による治療は、3 種類以上の抗 HIV 薬を組み合わせて服用する「多剤併用療法」が標準的で、薬剤耐性ウイルスが現れる可能性を低めています。なぜなら、ウイルスは 3 種類以上の薬剤に対する耐性を同時に持たなければならないからです。こうした治療によって、HIV 感染症は慢性疾患[*1]になりつつあります。そのため、並行して起こってくる脂質異常、骨代謝異常、糖代謝異常、腎機能障害、悪性腫瘍(しゅよう)のコントロールが課題になっています。

HIV に対して効果のあるワクチンは、まだありません。HIV 感染の広がりを阻止する方法は、安全性の低い性行為や麻薬の静脈注射（針の共用）などの危険な行動を避けること以外にありません。エイズに関する知識を広げて、一人ひとりが感染の危険を防ぐための対策を講ずることが、エイズの有効な予防法なのです。

*1　慢性疾患は、からだに現れる変化がゆっくりで、長期間の経過をたどる疾患のことをいいます。急性疾患と対比して使われる用語です。

63 母子感染の防止でキャリア化が激減？《B 型肝炎ウイルス》

B 型肝炎ウイルスへの感染は、慢性肝疾患や肝がんの原因となります。キャリア化はほとんどが乳幼児期の感染が原因で、出生児への感染防止が大きな効果をあげてきています。

◎ 肝炎ウイルスって何？

肝炎ウイルスは、肝臓で主に増殖して肝炎を起こすウイルスの総称で、飲食物を介して経口感染する**流行性肝炎ウイルス**と、血液や体液を介して感染する**血清（けっせい）肝炎ウイルス**に分けられます。**B 型肝炎ウイルス（HBV）**は後者に属し、急性肝炎、慢性肝疾患（慢性肝炎、肝硬変）、肝がんの原因となります。全世界で約 4 億人、日本では約 100 万人のキャリア（持続感染者）がいると推定され、そのうち約 1 割が慢性肝疾患に移行します。日本の慢性肝疾患のうち 10 ～ 15%が HBV に起因し、以下のような経過をたどります。

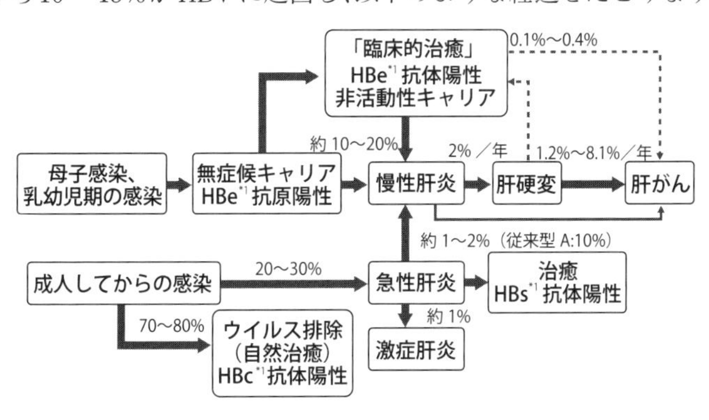

B 型肝炎の自然経過（出典：日本肝臓学会「慢性肝炎の治療ガイド 2008」を一部改変）

*1 HBs 抗原、HBc 抗原、HBe 抗原は B 型肝炎ウイルスに含まれるタンパク質です。これらに対する免疫反応が起こると、HBs 抗体 、HBc 抗体、HBe 抗体ができます。こうした抗原や抗体を調べることで、感染や病気（肝炎）の状況がわかります。

◎ 2つの感染経路

HBVの感染には、感染が持続しているキャリアと、血中からウイルスが排除される一過性感染があります。キャリアの感染経路は、大部分がキャリアの母親から出生時に感染する「垂直感染（母子感染）」ですが、乳幼児期に家族内などで「水平感染」する場合（父子感染など）もあります。成人の場合は水平感染だけです。

日本では1948～88年に、集団予防接種やツベルクリン反応検査で注射器が使い回しされていたため、これが原因でHBVキャリアになった方が最大で40万人以上いると推定されています。

◎ キャリア化を防げば将来肝がんをなくせる

HBVキャリアのほとんどは乳幼児期の感染が原因なので、**母から出生児への垂直感染を防止すれば、キャリアを減らして将来の慢性肝疾患や肝がんを予防することができます**。日本では妊婦がキャリアの場合、出生児の約25％がHBVキャリアになりますが、このうちHBe抗原陽性の場合は85～90％がキャリアになるものの、HBe抗体陽性の場合はほとんどキャリアになりません[*2]。そのため、新たなHBVキャリアを減らすには、HBe抗原陽性の妊婦からの出生児に対する感染防止が効果的です。

その方法は、出生直後にB型肝炎免疫グロブリン（HBIG）を投与して血中のHBs抗体を上昇させ、その後にHBワクチンを反復投与して血中HBs抗体陽性を保つというものです。こうした母子感染阻止処置の結果、HBe抗原陽性の妊婦からの出生児のキャリア化を、85～90％から5％に下げることができました。

*2 抗原はウイルスなどの異物、抗体は抗原を認識して結合し、免疫反応を起こす分子です。HBV由来の抗原やそれに対する抗体を調べれば、病気の進み具合を知ることができます。

64 世界人口の半分が感染？《ピロリ菌》

ピロリ菌は1980年代に発見された新しい細菌です。従来は無菌だと考えられてきたヒトの胃に生息し、様々な病気の原因になる可能性が指摘されています。

◎ピロリ菌って何？

ピロリ菌は正式名称を**ヘリコバクター・ピロリ**といいます。カンピロバクター（164ページ参照）などのなかまで、ヒトなどの胃に生息するらせん型細菌（グラム陰性・微好気性）です。1983年にオーストラリアのロビン・ウォレンとバリー・マーシャルにより発見され、2人はノーベル医学・生理学賞を受賞しています。

胃の内部に細菌がいる、という報告は1800年台からされていましたが、その細菌が培養できないこと、胃は胃液に含まれる塩酸により強い酸性に保たれているので、細菌が生息できないと思われることから、それらの報告は誤りである、という意見が主流でした。決定的だったのは1954年にアメリカのエディ・パルマーという病理学者が生検（胃の組織を内視鏡で採取したもの）1100例を調べ、胃の中に細菌はいないと報告したことで、その後長らく胃の中は無菌だと考えられていました。

しかし、ウォレンとマーシャルが、胃と同じようなきわめて限定された条件でしか生息できないらせん状の菌を培養することに1983年に成功しました。当初はカンピロバクターのなかまとして記載されましたが、のちに新しい属が設けられ、ヘリコバクター・ピロリという名になったのです。

◎高い感染率と病原性

ヘリコバクター・ピロリは胃粘液中の尿素をアンモニアと二酸化炭素に分解し、生じたアンモニアで胃酸を中和して胃の表面に感染していることがわかっています。この感染は、感染者の3割程度に慢性胃炎を引き起こし、胃潰瘍(かいよう)、十二指腸潰瘍、胃がんなどの様々な病気を引き起こすと考えられています。胃潰瘍の70～90%でヘリコバクター・ピロリの感染がみられ、国際がん研究機関が発表しているIARC発がん性リスク一覧では、グループI(発がん性がある)に分類されています。

世界人口の半分程度が感染者だと考えられていますが、日本では40歳以上の人で感染率が70%以上と高いのに対し、20歳代の感染率は25%と世代による大きな差があります。感染経路もよくわかっておらず、まだまだ謎の多い細菌です。

◎検査と除菌

近年、内視鏡を使った検査以外に、尿素呼気検査、血清・尿中抗体測定法、便中抗原検査といった検査も行えるようになりました。人間ドックや自費での検査のほか、胃炎などの症状があれば健康保険で検査を受け、除菌が行える場合もあります。

65 同ウイルスが別の病気を引き起こす？《水痘帯状疱疹ウイルス》

水痘（すいとう）（水ぼうそう）と帯状疱疹（たいじょうほうしん）は別な病気ですが、同じウイルスによって起こります。子どものときに水痘を起こしたウイルスが潜伏し、ずっとあとに帯状疱疹を起こします。

◎ 水痘と帯状疱疹は同じウイルスが原因

水痘と帯状疱疹の原因になるのは、**水痘帯状疱疹ウイルス**です。水痘（水ぼうそう）はたいてい、幼児が感染して発病します。１週間ほどで治りますが、ウイルスはそのまま体の中にとどまって潜伏してしまいます。その後、いろいろな原因で免疫のはたらきが低下すると、ふたたび活動・増殖して帯状疱疹を発病します。

◎ 水痘は感染力が強い

水痘ウイルスに感染すると、体内で増殖したのちに皮フに到達して水疱（すいほう）（水ぶくれ）をつくります。この水疱はすぐに治り、痕（あと）はほとんど残しません。日本では年間に100万人以上が発病し、重症化や合併症で4000人ほどが入院するといわれています。水痘が原因で、１年に約20人が亡くなると推定されています。

水痘は感染性がとても高いのが特徴です。冬は教室などの狭い場所にかたまって過ごすため、感染したクラスメートや汚染した媒介物に接触する機会が多くなり、水痘が広がりやすくなります。

水痘はほとんどの場合、軽症で済みますが、急性白血病やネフローゼなどで免疫をおさえる作用がある薬で治療している子どもがかかると重症化し、亡くなってしまう場合もあります。

◎ 帯状疱疹は痛みが強い

水痘が治ったあとに神経細胞に潜んでいたウイルスが、加齢や過労、ストレスが引き金になって免疫のはたらきが低下すると、ふたたび活動を始めることがあります。**ウイルスは神経を伝わって皮フに移動し、痛みをともなう発しん**ができます。これが帯状疱疹で、通常は２～３週間で治ります[*1]。

発しんは神経にそって帯状にでき、その後、中央部にくぼみのある水ぶくれができます。痛みがとても強いのが特徴で、皮フ症状がおさまれば通常は痛みも消えるのですが、その後もピリピリとした痛みが続くことがあります。急性期の炎症で神経が傷ついたことが原因で、帯状疱疹後神経痛というやっかいな後遺症です。

◎ ワクチン接種が有効

水痘は、ワクチンで予防することができます。水痘ワクチンは、健康な子どもはもちろん、急性白血病などのハイリスクの子どもにも安全で有効なものが開発されています。

帯状疱疹の治療の中心は抗ウイルス薬で、急性期の皮フ症状や痛みを和らげて、治るまでの期間を短縮できます。痛みに対して消炎鎮痛剤が処方されたり、神経ブロックが行われることもあります。**子どものときに水痘ワクチンを接種すれば、将来、帯状疱疹の発症予防につながる可能性がある**と考えられています。

*1　水痘と違い、帯状疱疹として人に感染することはありません。ただし、水痘になったことがない人には、水痘としてうつることがあります。

66 人間と動物が共通して感染？《エキノコックス・狂犬病ウイルス》

動物由来の感染症は動物と人間が共通して感染する病気です。人畜共通感染症とも呼ばれ、本書で取り扱う様々な微生物の感染症が該当します。

◎ 動物由来感染症って何？

動物由来感染症は動物が持っている病原体が、かみ傷やひっかき傷、ダニや蚊による媒介、水や土による媒介などによってヒトに感染するものです。

感染源となる動物はペットや家畜が多いですが、野生動物なども含まれます。また、病原体もウイルス、リケッチア、クラミジア、細菌、真菌、寄生虫、プリオンと多岐にわたります。狂牛病を引き起こす変異プリオン（自己複製タンパク質）がヒトに感染して起こる変異型クロイツフェルト・ヤコブ病によって、牛肉の輸入が一時期止まったことなどは覚えている方も多いのではないでしょうか。

本書で扱っている微生物の中にも、動物由来感染症の原因となるものが多数あります。食中毒を起こすＥ型肝炎（ウイルス）、サルモネラ、カンピロバクター（細菌）、クリプトスポリジウム（原虫）などが該当します。この項では、動物由来感染症の中でも重篤な症状を引き起こすエキノコックス、狂犬病について紹介します。

◎ キタキツネ由来のエキノコックス

エキノコックスはイヌ科の動物を終宿主とする寄生虫で、サナダムシなどのなかまです。虫卵が土などに混ざり、中間宿主のノネズミなどの口に入ると、体内で多包虫（たほうちゅう）という幼虫になります。この多包虫を持つ動物がイヌ科の動物に食べられることで、イヌ科の動物の体内で成虫になるのです。

しかし、エキノコックスの卵をヒトが口にすると、体内（肝臓）で多包虫が増加し、外科手術によって取り除かなければならなくなります。このため、北海道では野生のキタキツネには触らない、野外では生水（沢の水）を口にしない、土や動物を触ったあとは手を洗う、といった注意が呼びかけられています。

青函トンネルの完成や物流量の増加により、本州へのエキノコックス症移入が危惧されており、青森県などでは継続的に監視が行われていましたが、最近、思わぬところで犬のエキノコックス症が発生しました。愛知県知多半島です。2014年に1例、2018年には3例の犬のエキノコックス症が報告され、すでに知多半島付近では定着しているのではないかという指摘もあります。今後も他の地域から報告されないか気をつける必要があるでしょう。

◎ 日本は数少ない狂犬病清浄国

狂犬病は、狂犬病ウイルスを持つ動物（イヌ、ネコおよび野生の哺（ほ）乳動物）にかまれたり、ひっかかれたりことで感染する人獣（じんじゅう）共通感染症で、発症するとほぼ100%死亡する恐ろしい感染症です。

ほぼ全世界で発生していますが、日本は狂犬病がみられない数少ない「清浄国」です。ワクチンの接種によって感染を防ぐことができるので、海外渡航前には予防接種が呼びかけられているほか、我が国では、飼い犬に狂犬病の予防注射が義務づけられています。

かつては散発していた狂犬病ですが、予防接種の徹底や野犬駆除によって国内の犬の狂犬病は1956年以降報告されていません。ですが、これは国際的には非常に恵まれた状況です。世界的には、狂犬病が発生していない「清浄国」はわずかしかありません[*1]。インドや中国では多くの感染者が出ているほか、北米でも動物からの検出が続いています。

◎ 移入と感染への警戒を

日本は清浄国であるため、日本人は野生動物や野犬、野良猫などへの警戒心が薄い傾向にあります。狂犬病が流行している地域に海外旅行をする際には予防接種をし、野生動物にはみだりに近づかない、などの注意が必要でしょう。

進行する自然破壊によって今までヒトと接していなかった動物がもたらす新興感染症（エボラ出血熱、SARS、MARS）、地球温暖化によって危惧される熱帯感染症（デング熱、マラリアなど）の移入、そしてペットブームに乗じた野生動物の輸入によって新たな感染症がもたらされる危険もあります。危険性に気をつけながら動物と触れ合いたいものです。

*1 清浄国は、英国（グレートブリテン島及び北アイルランド）、アイルランド、アイスランド、ノルウェー、スウェーデン、オーストラリア、ニュージーランドなどです。

執筆者

番号は執筆担当項目を示す
※肩書きは原稿執筆時点のものです
※項目[29]は共著です

青野 裕幸（あおの ひろゆき）

04 20 23 24 25 26 27 29※ 30 31 33

「楽しすぎるをばらまくプロジェクト」代表

児玉 一八（こだま かずや）

10 28 29※ 34 35 39 41 54 55 56 57 58 59 60 61 62 63 65

核・エネルギー問題情報センター 理事

齊藤 宏之（さいとう ひろゆき）

36

労働安全衛生総合研究所 上席研究員

左巻 健男（さまき たけお）

01 02 03 05 06 07 08 09 11 12 13 15 16 17 18 19 37 40

法政大学教職課程センター 教授

桝本 輝樹（ますもと てるき）

14 38 42 43 44 45 46 47 48 49 50 51 52 53 64 66

千葉県立保健医療大学 講師

横内 正（よこうち ただし）

21 22 32

長野県松本市立清水中学校 教諭

カバーデザイン・イラスト　末吉喜美

p.020、029、036、101 イラスト　児玉一八

■編著者略歴
左巻　健男（さまき・たけお）
法政大学教職課程センター教授
専門は、理科・科学教育、環境教育
1949年栃木県小山市生まれ。千葉大学教育学部卒業（物理化学教室）、東京学芸大学大学院教育学研究科修了（物理化学講座）、東京大学教育学部附属高等学校（現：東京大学教育学部附属中等教育学校）教諭、京都工芸繊維大学教授、同志社女子大学教授等を経て現職。
『理科の探検（RikaTan）』誌編集長。中学校理科教科書編集委員・執筆者（東京書籍）。
著書に、『暮らしのなかのニセ科学』（平凡社新書）、『面白くて眠れなくなる物理』『面白くて眠れなくなる化学』『面白くて眠れなくなる地学』『面白くて眠れなくなる理科』『面白くて眠れなくなる元素』『面白くて眠れなくなる人類進化』（以上、PHP研究所）、『話したくなる！つかえる物理』『図解　身近にあふれる「科学」が3時間でわかる本』（明日香出版社）ほか多数。

本書の内容に関するお問い合わせ
明日香出版社　編集部
☎(03) 5395-7651

図解（ずかい）　身近（みぢか）にあふれる「微生物（びせいぶつ）」が3時間（じかん）でわかる本（ほん）

2019年　1月　29日　初版発行
2019年　8月　29日　第25刷発行
編著者　左巻健男（さまきたけお）
発行者　石野栄一

明日香出版社
〒112-0005 東京都文京区水道2-11-5
電話 (03) 5395-7650（代 表）
(03) 5395-7654（FAX）
郵便振替 00150-6-183481
http://www.asuka-g.co.jp

■スタッフ■　編集　小林勝／久松圭祐／古川創一／藤田知子／田中裕也
営業　渡辺久夫／浜田充弘／奥本達哉／横尾一樹／関山美保子／藤本さやか／南あずさ　財務　早川朋子

印刷　美研プリンティング株式会社
製本　根本製本株式会社
ISBN 978-4-7569-2011-9 C0040

本書のコピー、スキャン、デジタル化等の無断複製は著作権法上で禁じられています。
乱丁本・落丁本はお取り替え致します。
©Takeo Samaki 2019 Printed in Japan
編集担当　田中裕也

図解 身近にあふれる「科学」が３時間でわかる本

左巻健男　編著

私たちの身の回りは、科学技術や科学の恩恵を受けた製品にあふれています。たとえば、液晶テレビ、LED電球、エアコン、ロボット掃除機、羽根のない扇風機などなど。ふだん気にもしないで使っているアレもコレも、考えてみればどんなしくみで動いているのか、気になりませんか？
そんなしくみを科学でひも解きながら、やさしく解説します。

本体価格 1400円＋税　B6並製　216ページ
ISBN978-4-7569-1914-4　2017/07発行

図解 身近にあふれる「生き物」が３時間でわかる本

左巻健男　編著

本書は、身近にいる生き物を、小さなものはウイルスから虫や鳥、大きなものはクマやマグロまで、そしてもちろん私たちヒトもふくめて、ぜんぶで63とりあげました。
教科書や図鑑のような解説ではなく、「どう身近なのか」「私たち人間との関係性」を軸にして、「へぇそうなんだ」と思える話をたくさん紹介します。

本体価格 1400円＋税　B6並製　200ページ
ISBN978-4-7569-1959-5　2018/03発行